絵《え》解《と》き
和《わ》算《さん》
ドリル

図形・
文章題に
強くなる！

江《え》戸《ど》時代の
子どもたちにちょう戦《せん》！

計算力と，文章や図形を
読み解く力をフルに使って，
15種《しゅ》類《るい》の和算・全70問に
チャレンジ！

小学館

江戸《えど》時代の算数のちえ「和算《わさん》」を楽しもう！

織田信長《おだのぶなが》や豊臣秀吉《とよとみひでよし》が活やくした安土桃山《あづちももやま》時代に中国から伝わったそろばんは，江戸時代（1603～1867年）に日本全国へ広がりました。江戸時代初期《しょき》，そろばんの使い方を解説《かいせつ》した『塵劫記《じんこうき》』（1627〈寛永《かんえい》4〉年）という本が大ヒットして，江戸時代の学習じゅく・寺子屋《てらこや》などで大いに使われ，子どもたちの計算力や暗算の力はみるみるうちにアップしました。

そろばんを使った計算は，商売や毎日の暮《く》らしに役立つ便利《べんり》なものでしたが，やがて数や形の遊びなど，商売には必要《ひつよう》のない問題を独自《どくじ》に作ったり，解《と》いたりすることを楽しむ人たちが現《あらわ》れました。

そこから本格的《ほんかくてき》に研究する学者も次々に現れて，ユニークな算数の文化が花開きました。それを明治《めいじ》時代以降《いこう》，ヨーロッパ生まれの算数「洋算《ようさん》」とは異《こと》なる，日本独自の算数として「和算」と呼《よ》ぶようになりました。

和算には，馬乗り算や旅人算など，江戸時代の生活をえがいたような文章題がいくつもあります。物語や歴史《れきし》が好《す》きな人は，より楽しく算数に取り組むことができるでしょう。盗人算《ぬすびとざん》やつるかめ算などでは，中学校で学習する方程式《ほうていしき》を使った解き方だけでなく，小学校で学習する図形の面積《めんせき》を使った解き方も考え出されました。

このように，同じ答えになる問題でも，和算には問題の見せ方や解き方に工夫《くふう》があり，時代のちがいをこえて，私たちも大いに楽しむことができるのです。江戸時代の人々が積《つ》み重《かさ》ね，現代《げんだい》に伝《つた》えた和算のちえを，この本で楽しんでください。

『塵劫記』馬乗り算の問題の絵。●吉田光由《よしだみつよし》『新編《しんぺん》塵劫記』刊行年不明＊2

寺子屋でそろばんの練習をする子どもたち。右上が師匠《ししょう》（先生）。●高井蘭山《たかいらんざん》・編『江戸《えど》大節用海内蔵《だいせつようかいだいぐら》』1861（文久元《ぶんきゅう》）年＊1

＊1著者蔵　＊2国立国会図書館デジタルコレクション https://dl.ndl.go.jp/pid/3508170 を加工して作成。

目次

算数のひらめき「算勘《さんかん》」を身につけよう！

江戸《えど》時代が始まって間もない1627（寛永《かんえい》4）年，京都《きょうと》の和算家・吉田光由《よしだみつよし》が『塵劫《じんこう》記《き》』という本を書きました。この本では，そろばんの使い方から始まり，さまざまな計算問題や図形問題をしょうかいしています。

この本が大ヒットすると，この本をまねた，同じ題名の本も多く出回りました。一方で，吉田光由のライバルだった和算家たちは，『塵劫記』以上《いじょう》の本を作ろうと研究を積《つ》み重《かさ》ねました。

そうなると吉田光由も負けてはいられません。新しく書き直した『塵劫記』を次々に刊行《かんこう》し，薬師算《やくしざん》や盗人算《ぬすびとざん》，油分け算といった目新しい問題を追加《ついか》していきます。吉田光由がなくなった後も，さらには明治《めいじ》時代になっても新版《しんぱん》の『塵劫記』が出版《しゅっぱん》され，その数は合計400種類《しゅるい》に達《たっ》しています。

こうして『塵劫記』は当時，最《もっと》も有名な和算の入門書となりました。

『塵劫記』では，問題の解《と》き方《かた》は計算式や図解《ずかい》で示《しめ》され，文章による説明《せつめい》はありません。問題を解くために考えたり，計算したりする中で，パッとひらめくことを，吉田光由は「算勘」といいました。「勘で解いた」といえば，今なら何も考えずに直感（当てずっぽう）で答えたように聞こえます。ところが「勘」は訓《くん》読みが「かんが（える）」で，もともとの意味は「考える」と同じでした。

吉田光由は「勘」を「考えた上でパッとひらめくこと」と受け止め，計算力の「算」と合わせた「算勘」の力をみがこうと読者に語りかけています。

ひらめきの大切さは，今も変《か》わっていません。

このドリルで，15種類・70の問題の解き方をじっくり考えながら，「ひらめき」体験をくり返し，自分なりの「算勘」をみがいていきましょう！

『塵劫記』の盗人算の問題（左）と油分け算の問題（右）にえがかれた絵。
●吉田光由『新編《しんぺん》塵劫記』刊行年不明＊

＊国立国会図書館デジタルコレクション https://dl.ndl.go.jp/pid/3508170 を加工して作成。

このドリルの使い方

◎このドリルは，江戸時代から大正《たいしょう》時代に書かれた和算書などの問題をもとにまとめました。問題は小学4年生までの学習内容で解けるもの，中学受験《じゅけん》でよく使われるものを中心に選《えら》んでいます。

◎ドリルの後半では，小学5年生以上の学習内容をふくむ問題が出てきます。それらには「ポイント」として解説《かいせつ》を加《くわ》えていますので，小学4年生でも無理《むり》なく学習を進められます。

◎物や人の名前，地名以外は小学6年生までに学習する漢字を使用し，小学4年生以上の学習漢字には２ページ（見開き）ごと，最初《さいしょ》のものにふりがなをつけています。

◎問題を読んだら，まず5分間じっくりと解き方を考えてみましょう。その後，ドリルの「考え方」を読み，問いに答えながら，自分の考えが正しいか確認《かくにん》していきます。こうして学習を進めることで「算勘」が身につきます。

■問題

基本《きほん》問題と発展《はってん》問題があります。

問題の下には，もとになった問題を書いた人の名前（著者名《ちょしゃめい》），問題がのっている本の名前，本が出た年，題名が書いてあります。著者名が書かれていないものは，著者不明の本です。

「出典《しゅってん》」はもとの問題文を今の日本語になおしたもの，「原案《げんあん》」は問題をわかりやすくするために，文章などの一部を変《へん》こうしたものを表します。

■考え方

もとの問題には解き方の説明はありません。

このドリルでは，解き方のステップ順《じゅん》に問いを立てて解説しました。答えを書きこみながら，学習を進めましょう。なお，問題によっては，解き方がふたつ出てくるものもあります。

■まめちしき・コラム

問題に関連《かんれん》する，江戸時代の物や単位《たんい》，暮《く》らしや文化などをしょうかいしています。

◎裁《た》ち合《あ》わせ①②は，色板を使うパズル問題です。81ページの付録《ふろく》をきれいに切り取って使ってください。裏表紙《うらびょうし》にはふたつの色板の図面があります。コピーして切り取り，色をぬれば，自分だけの色板パズルが作れます。

◎「1 裁《た》ち合《あ》わせ①」「5 方陣《ほうじん》」など，答えが複数《ふくすう》ある問題は，もとの本に記された答えをけいさいしました（一部，解答例《かいとうれい》を追加《ついか》・変こうしたものもあります）。

1 6枚《まい》の色板で6つの形を作ろう！ 裁《た》ち合《あ》わせ①

基本《きほん》問題1

縦《たて》が8cm，横が16cmの長方形の紙を，図1のように6枚に切り分けました。この6枚の紙を組み合わせて，正方形を作りましょう。

（出典《しゅってん》）中《なか》根《ね》彦循《げんじゅん》『勘者《かんじゃ》御《お》伽双《とぎぞう》紙《し》』1743（寛保《かんぽう》3）年：「裁合物《たちあわせもの》の事《こと》」

このような色板のパズル問題を，和算では「裁ち合わせ」といいます。

◎81ページにある付録《ふろく》の色板を使います。色板を裏返《うらがえ》しにせずに形を作りましょう。

〈図1〉

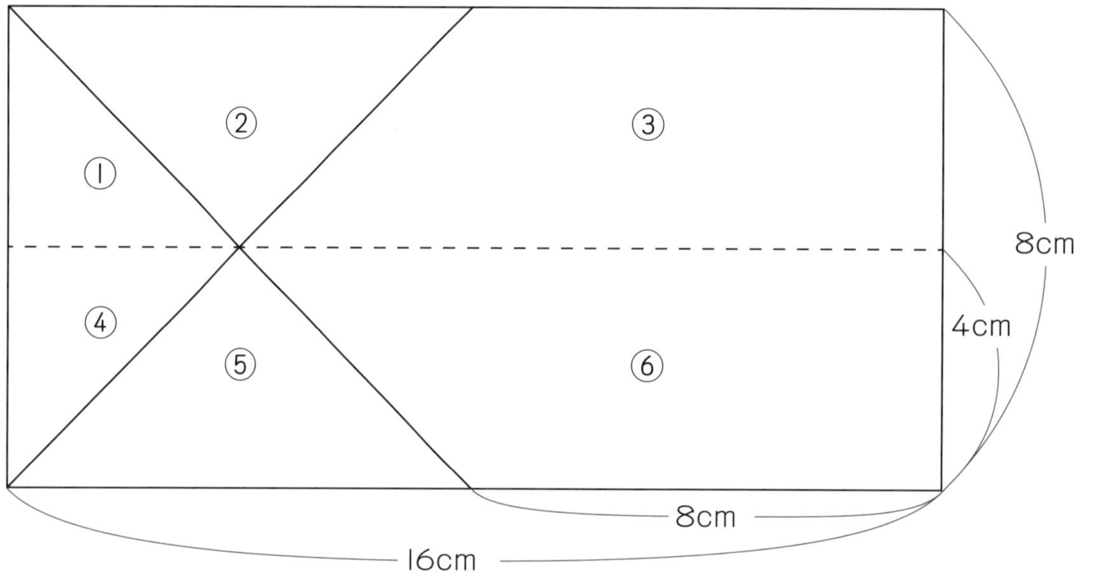

【考え方】

・図1の①と④，②と⑤，③と⑥はそれぞれ同じ形です。
・図2のように，①②④⑤はすべて直角二等辺《にとうへん》三角形です。
・①の大きさは，③の赤い部分と同じです。

〈図2〉

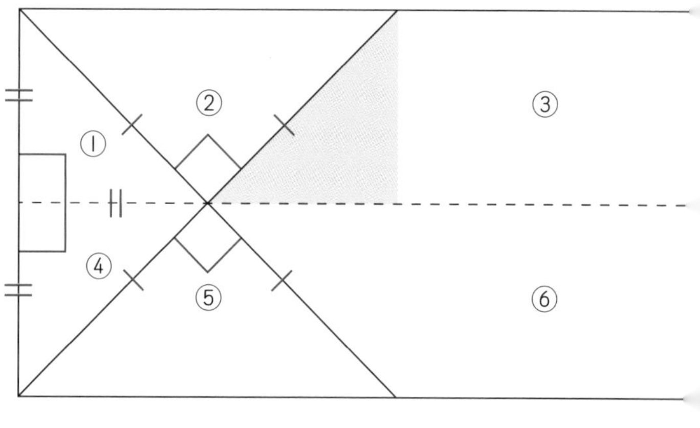

ヒント 作る正方形は，図3と同じ大きさになります。

①と④，②と⑤，③と⑥は同じ形，同じ大きさなので，初《はじ》めに①②③で，下の正方形の半分になる直角二等辺三角形を作りましょう。

〈図3〉

基本問題 2

6枚の板をすべて使って，直角二等辺三角形を作りましょう。

※実際《じっさい》に作る大きさは，この図とは異《こと》なります。

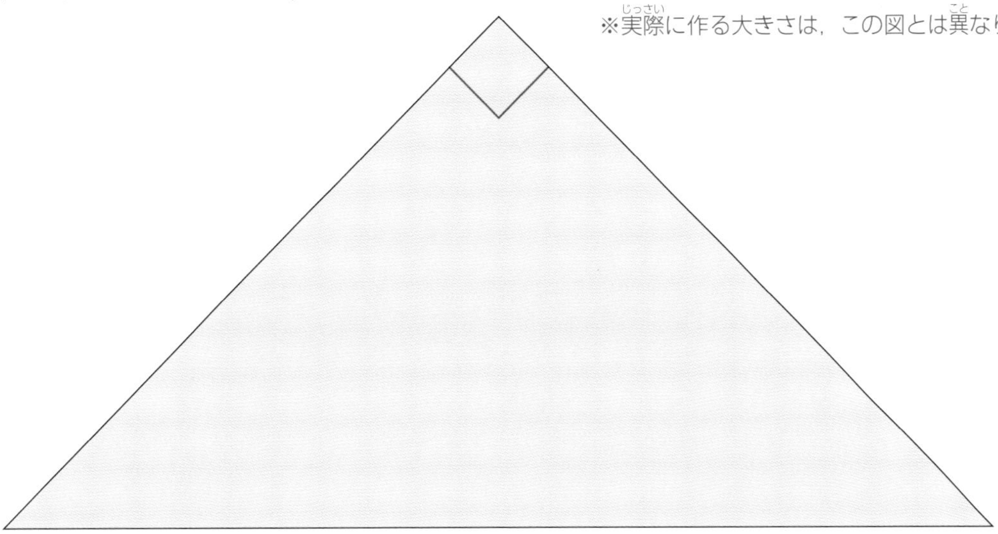

発展《はってん》問題1

6枚《まい》の板をすべて使って，「はかまごし」という形を作りましょう。

※実際《じっさい》に作る大きさは，
この図とは異《こと》なります。

まめちしき

「はかまごし」って何？

和服のはかまのこしにあたる部分のことです。

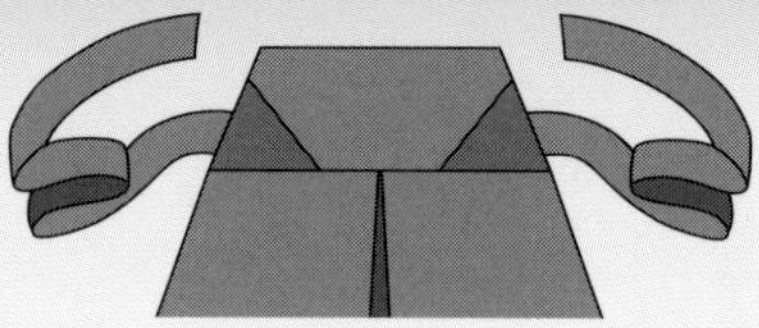

発展問題2

6枚の板をすべて使って，「ひなの形」という形を作りましょう。

※実際に作る大きさは，
この図とは異なります。

まめちしき

「ひなの形」って何？

紙や布《ぬの》で作った人形の形。ここでは，江戸《えど》時代の女性が着た着物（小袖《こそで》）を広げた形を表します。

発展問題3

6枚の板をすべて使って，「切《き》り籠《こ》」という形を作りましょう。

※実際に作る大きさは，この図とは異なります。

まめちしき

「切り籠」って何？

和算では，立方体（さいころの形）の8つの角を辺《へん》の中心まで切り落とし，同じ長さの辺をもつ8個《こ》の正三角形と，6個の正方形でできた形のこと。お盆《ぼん》の時期にかざる「とうろう」から，名付けられました。

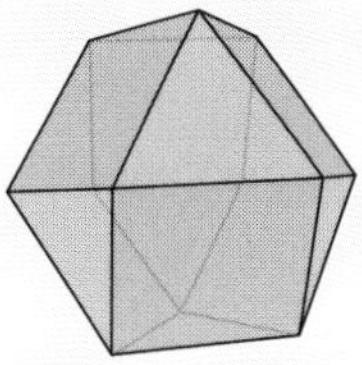

発展問題4

6枚の板をすべて使って，「くぎぬき」という形を作りましょう。

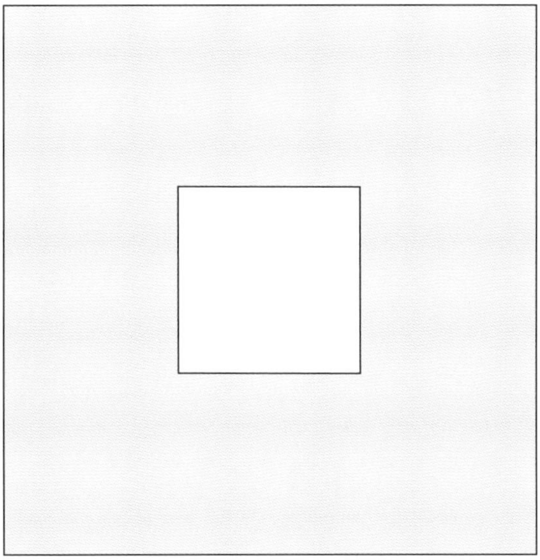

※実際に作る大きさは，この図とは異なります。

※できあがりは，基本《きほん》問題１の正方形より大きくなります。

まめちしき

「くぎぬき」って何？

正方形の中を正方形でくりぬいた形です。この形は，家紋《かもん》（自分の家を表す印）としても使われています。

2 馬に乗れるきょりを公平にしよう！

馬《うま》乗《の》り算《ざん》

基本《きほん》問題

6kmの道を4人の旅人が3頭の馬で行くとき，ひとりが馬に何kmずつ乗れば，公平になるでしょう。ただし，1頭の馬には，ひとりしか乗れないものとします。

（原案《げんあん》）吉田光由《よしだみつよし》『塵劫記《じんこうき》』1634（寛永《かんえい》11）年：「馬《うま》にのる事《こと》にさん用《よう》あり」

【考え方1】歩くきょりを求《もと》める方法《ほうほう》

（　　　）の中に当てはまる式や数を書きましょう。

4人が交代しながら馬に乗り，6kmの道のりを進みますが，問題を解《と》くときには，まず図1のように，交代なしで考えてみます。

①交代があってもなくても，歩くきょりは6kmになります。この6kmを4人で公平に分けると，ひとりがそれぞれ歩くきょりは，何kmになるでしょう。

式（ア　　　　　　　　　　　）

答え（イ　　　　　　km）

②4人それぞれが馬に乗れるきょりは，何kmでしょう。

式（ウ　　　　　　　　　　　）

答え（エ　　　　　　km）

〈図1〉

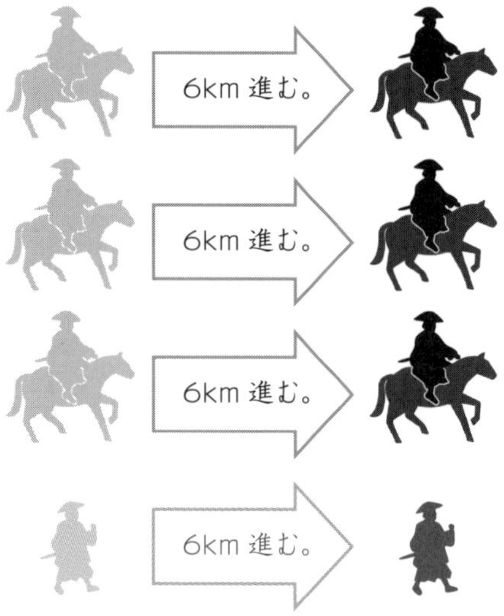

【考え方2】馬に乗れるきょりを求める方法。『塵劫記』での解き方

(　　　　)の中に当てはまる式や数を書きましょう。

①馬に乗れるきょりは，3頭の馬が歩く道のりです。その合計を求めましょう。

式(オ　　　　　　　　　　　　　)

答え(カ　　　　　　km)

②馬が歩くきょりの合計を，図2のように4人で公平に分けると，ひとりが馬に乗れるきょりは，何kmになるでしょう。

式(キ　　　　　　　　　　　　　)

答え(ク　　　　　　km)

③4人それぞれが歩くきょりは，何kmでしょう。

式(ケ　　　　　　　　　　　　　)

答え(コ　　　　　　km)

〈図2〉

交代	1	2	3	4
Aさん				
Bさん				
Cさん				
Dさん				

◎考え方1でも考え方2でも，もちろん答えは同じになります。

◎考え方2のほうが計算の手間がかかりますが，『塵劫記』では考え方2で解いています。それは，考え方2のほうがいろいろな問題に応用《おうよう》しやすいからです。

では，考え方2を使って，発展《はってん》問題にちょう戦《せん》しましょう！

まめちしき

実は馬はおそかった!?

馬が人や荷物を乗せて運ぶスピードは，人間が歩いて運ぶのとあまり変《か》わりませんでした。馬に荷物をのせ，馬を引く人（馬方《うまかた》）が先導《せんどう》しながらパカパカ歩かせるので，速さは徒歩《とほ》と変わりません。しかも馬は，夜間は歩けません。

手紙や小さな荷物などを急いで遠くに送るときは，人がリレーのように交代しながら昼も夜も走る早飛脚《はやびきゃく》が，いちばんの快速便《かいそくびん》でした。

（15ページ「まめちしき」もチェック！）

女性《じょせい》のお客を乗せた馬と，馬を引く馬方。●歌川《うたがわ》広重《ひろしげ》『東海道五拾三次《とうかいどうごじゅうさんつぎ》』「鳴海《なるみ》」刊行年不明＊

＊国立国会図書館デジタルコレクションhttps://dl.ndl.go.jp/pid/1309868を加工して作成。

発展《はってん》問題1

15里《り》の道を12人の旅人が8頭の馬《うま》で行くとき，ひとりが馬に何里ずつ乗れば公平になるでしょう。

※「里」は江戸《えど》時代に使われたきょりの単位《たんい》で，約《やく》4km。

（出典《しゅってん》）『諸商売改算《しょしょうばいかいさん》智《ち》恵車大全《えぐるまたいぜん》』1792（寛政《かんせい》4）年：「馬《うま》八匹《ひき》を十二人《にん》にて等分《とうぶん》に乗《の》る事《こと》」

【考え方】（　　　　）の中に当てはまる式や数を書きましょう。

①8頭の馬が15里の道のりを歩くとき，そのきょりの合計は何里でしょう。

式（ア　　　　　　　　　　　　　　）答え（イ　　　　　里）

②馬が歩くきょりの合計を12人で公平に分けると，ひとりが馬に乗れるきょりは何里になるでしょう。

式（ウ　　　　　　　　　　　　　　）答え（エ　　　　　里）

③12人それぞれが歩くきょりは何里でしょう。

式（オ　　　　　　　　　　　　　　）答え（カ　　　　　里）

まめちしき

1里とは，どんなきょり？

「里」は江戸時代よりも前から使われていたきょりを表す単位で，1里は人が1時間に歩けるきょりの目安でした。1里の半分は「半《はん》」で表し，1里半，2里半などといいました。

しかし，歩く速さは人によって異《こと》なります。上り下りなど，道が通っている地形によっても変《か》わります。

江戸時代には，きょりの単位の1町《ちょう》を36倍した36町を1里としていましたが，「里」や「町」，その下の単位「間《けん》」の実際《じっさい》の長さは時代や地方によってちがいました。

1891（明治《めいじ》24）年になってようやく長さの単位が統一《とういつ》され，1里＝36町＝約4kmとなりました。

1891年に統一されたきょりの単位とその長さ

1里《り》＝36町《ちょう》＝約4km
（より正確《せいかく》には約3.93km）

1町＝60間《けん》＝約109m

1間＝6尺《しゃく》＝約1.8m

発展問題2

25人が20個《こ》の荷物を公平に持って37.5kmの道のりを運ぶとき，ひとりは何kmずつ荷物を持つことになるでしょう。

（出典）『諸商売改算智恵車大全』1792（寛政4）年：「荷物《にもつ》二十荷《か》を二十五人《にん》にて等分《とうぶん》に持行事《もちゆくこと》」

【考え方】（　　　　）の中に当てはまる式や数を書きましょう。

この問題は，これまでの「馬」を，「運ぶ荷物」に置《お》きかえたものです。

①20個の荷物をそれぞれ運ぶきょりの合計は，何kmでしょう。

式（ア　　　　　　　　　　　　　　　　）答え（イ　　　　　km）

②荷物を運ぶきょりの合計を25人で公平に分けると，ひとりが運ぶきょりは何kmになるでしょう。

式（ウ　　　　　　　　　　　　　　　　）答え（エ　　　　　km）

まめちしき

江戸時代に造《つく》られた一里塚《いちりづか》

江戸時代になると街道《かいどう》が整えられました。徳川家康《とくがわいえやす》が子の秀忠《ひでただ》に命じて，五街道（東海道《とうかいどう》，中山道《なかせんどう》，甲州《こうしゅう》街道，日光《にっこう》街道，奥州《おうしゅう》街道）に本格的《ほんかくてき》な一里塚を造らせました。

一里塚とは，江戸（現在の東京《とうきょう》）の日本橋《にほんばし》を出発点にして，1里ごとに街道のわきに塚（土を盛《も》った小さな丘《おか》）を造り，松《まつ》や榎《えのき》という木を植えたものです（ただし，12ページ「まめちしき」のように，1里のきょりは正確《せいかく》ではありません）。旅の目印《めじるし》にしたり，木かげで休んだりするのに利用《りよう》されたほか，馬やかごなどの乗り物の料金《りょうきん》を決める目安にもなっていました。

一里塚の前を行く，4人かつぎの早《はや》かご。●歌川広重《うたがわひろしげ》『東海道五拾三次《ごじゅうさんつぎ》』佐野喜版《さのきばん》「庄野《しょうの》」天保《てんぽう》年間＊

＊国立国会図書館デジタルコレクションhttps://dl.ndl.go.jp/pid/2554563を加工して作成。

3 旅するふたりが出会うのは何日目？
旅《たび》人《びと》算《ざん》

基本《きほん》問題

京都《きょうと》の師匠《ししょう》が1日に7里《り》半《はん》（7.5里）ずつ歩いて江戸《えど》に向かい，同じ日に江戸の弟子《でし》が1日に12里半（12.5里）ずつ歩き，京都に向かいました。ふたりが出会ったのは，何日後でしょう。また，それぞれが歩いたきょりは何里でしょう。

なお，京都と江戸の間は120里とします。

（原案《げんあん》）村松茂清《むらまつしげきよ》『算俎《さんそ》』1663（寛文《かんぶん》3）年：「積直《せきちょく》」

〈図1〉

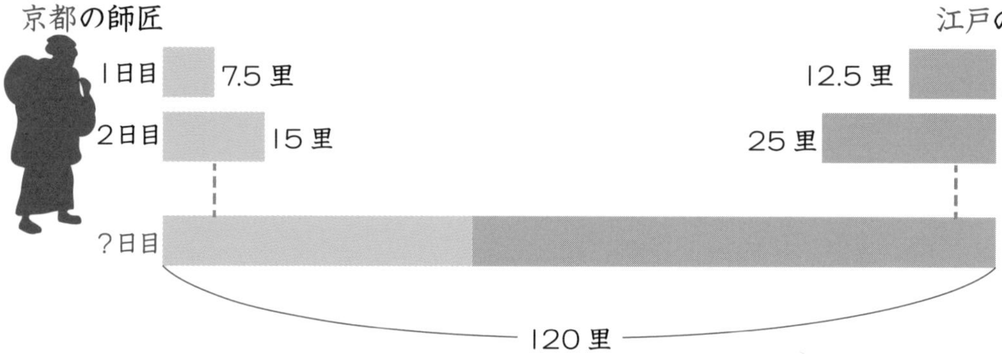

【考え方】（　　　　）の中に当てはまる式や数を書きましょう。

図1のように，ふたりがそれぞれ逆《ぎゃく》の方向から歩いてくるのではなく，図2のように，同じ方向に歩くとして考えてみましょう。

〈図2〉

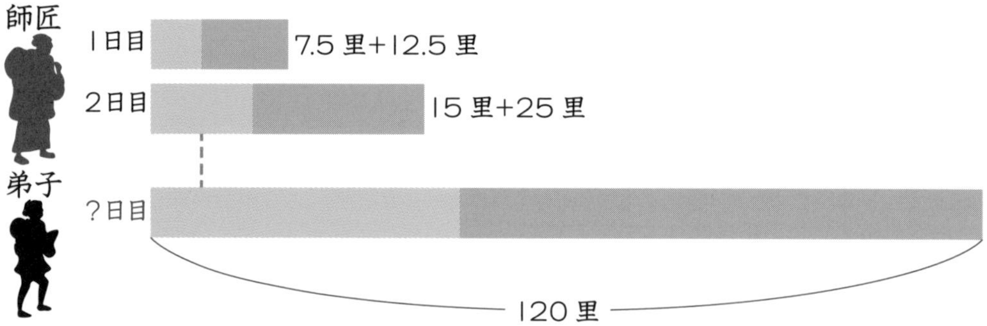

①ふたりが1日に歩くきょりの合計を求《もと》めましょう。

式（ア　　　　　　　　　　　　　　　　）　答え（イ　　　　　里）

②京都から江戸までのきょり120里を，①の答えでわれば，ふたりが歩いた日数がわかります。何日後に出会ったのかを求めましょう。

式（ウ　　　　　　　　　　　　　　　　）答え（エ　　　　　日後）

③ふたりがそれぞれ歩いたきょりを求めましょう。

師匠：式（オ　　　　　　　　　　　　　　　　）答え（カ　　　　　里）

弟子：式（キ　　　　　　　　　　　　　　　　）答え（ク　　　　　里）

まめちしき

江戸～京都のきょりと，旅の日数

江戸・日本橋《にほんばし》から京都・三条大橋《さんじょうおおはし》までを結《むす》ぶ東海道のきょりは，約《やく》492kmにもなります（参考：国土交通省《こくどこうつうしょう》 関東地方整備局《かんとうちほうせいびきょく》 横浜国道事務所《よこはまこくどうじむしょ》ウェブサイト）。江戸時代の本では東海道のきょりを約125里，約126里とするものがありますが，この問題にあるように，だいたい120里と理《り》解《かい》されていたようです。1里を4kmで計算すると480kmなので，大きくはちがっていませんね。

東海道沿《ぞ》いには，旅人を休ませたり，荷物を運ぶための人や馬を集めておいた「宿場《しゅくば》」が53か所置《お》かれ，となりの宿場から届《とど》いた手紙や荷物などを，次の宿場まで運ぶ仕事もしていました。

江戸時代の旅人は，宿場を利用《りよう》しながら，東海道を13～15日かけて歩いたそうです。13日で計算すると1日約38km！ 15日としても1日約33kmも歩くことになります。さらに，11ページ「まめちしき」に出てきた早飛脚《はやびきゃく》は，宿場ごとに交代しながら3日ほどで荷物を運んだといいます。江戸時代の人の足の強さにはおどろくばかりです。

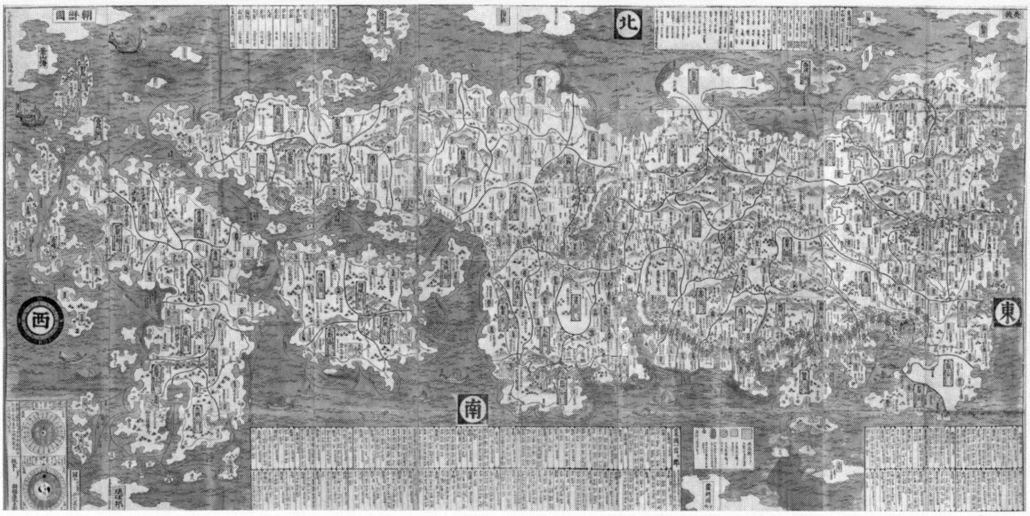

江戸時代の街道《かいどう》や宿場などを表した地図。実物は横の長さが 170cm もある。
●石川流宣《いしかわとものぶ》『日本海山潮陸図《にほんかいさんちょうりくず》』1691（元禄《げんろく》4）年＊

＊国立国会図書館デジタルコレクションhttps://dl.ndl.go.jp/pid/1286173を加工して作成。

発展《はってん》問題1

1日に10里《り》ずつ歩く牛と，15里ずつ進む馬がいます。牛は3日前に出発しています。それから馬が同じ道を追いかけたとき，何日で牛に追いつくでしょう。

（出典《しゅってん》）『諸商売改算《しょしょうばいかいさん》智《ち》恵車大全《えぐるまたいぜん》』1792（寛政《かんせい》4）年：「牛馬《ぎゅうば》の歩《あゆ》む事《こと》不《ふ》同有《どうある》を日数《にっすう》にてならす算《さん》」

【考え方】（　　　　）の中に当てはまる式や数を書きましょう。

〈図1〉

●牛は3日前に出発している。

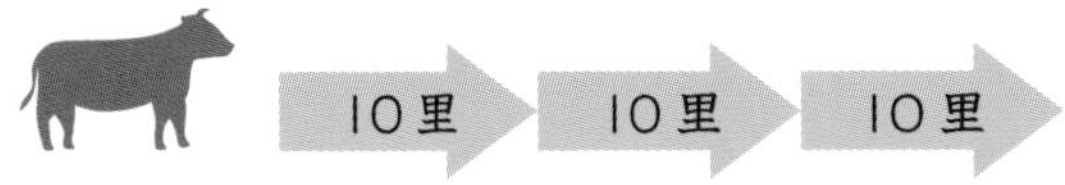

1日目：馬がスタート。牛を追いかけ始める。

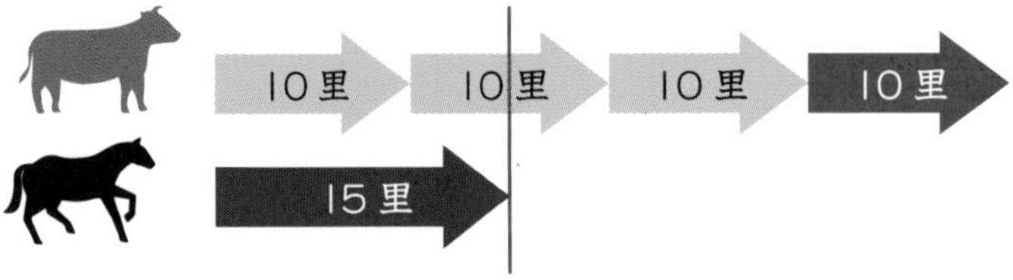

2日目：馬と牛のきょりの差《さ》が縮《ちぢ》む。

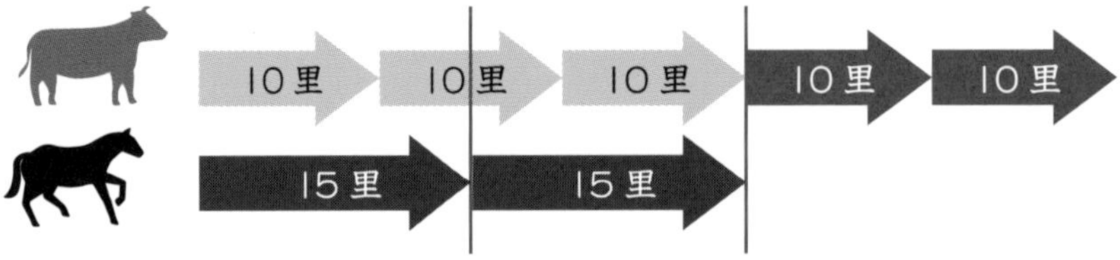

この問題の，もとになった本のさし絵。●『諸商売改算智恵車大全』1792（寛政4）年刊＊

①馬が出発するとき，牛がどれだけ先に進んでいるかを求《もと》めましょう。

式（ア　　　　　　　　　　　　）答え（イ　　　　里）

②牛と馬が1日で進むきょりの差を求めましょう。

式（ウ　　　　　　　　　　　　）答え（エ　　　　里）

③1日に②の答えずつ，牛と馬のきょりの差が縮まります。①と②をもとに，馬が牛に追いつく日数を求めましょう。

式（オ　　　　　　　　　　　　）答え（カ　　　　日）

＊著者蔵

発展問題2

ふたりのお坊《ぼう》さんが『大般若経《だいはんにゃきょう》』を書き写します。Aさんは1日に400字，Bさんは1日に350字を写せます。BさんがAさんよりも70日早く写し始めました。何日後にふたりの字数が同じになるでしょう。

（出典《しゅってん》）千葉胤秀《ちばたねひで》『算法新書《さんぽうしんしょ》』1830（文政《ぶんせい》13）年：「差分《さぶん》」

※『大般若経』は，小説《しょうせつ》『西遊記《さいゆうき》』で有名な，中国・唐《とう》の時代の僧《そう》・玄奘三蔵《げんじょうさんぞう》（602～664年）がインドから中国に持ち帰った仏教《ぶっきょう》の経典《きょうてん》（仏《ほとけ》の教え）。

お経を書き写すお坊さん。
● 舜昌《しゅんじょう》・撰《せん》『法然上人行状画図《ほうねんしょうにんぎょうじょうえず》』14世紀前半成立＊1

【考え方】（　　　　）の中に当てはまる式や数を書きましょう。

発展問題1と同じ考え方で解《と》いていきましょう。

①Bさんが先に書き写した文字の合計を求めましょう。

式（ア　　　　　　　　　　　　　　　）答え（イ　　　　　　字）

②AさんとBさんが1日で書き写す文字の差を求めましょう。

式（ウ　　　　　　　　　　　　　　　）答え（エ　　　　　字）

③AさんとBさんが書き写す文字の差は，1日に②の答えずつ縮まります。①と②をもとに，何日後にAさんがBさんの字数に追いつくかを求めましょう。

式（オ　　　　　　　　　　　　　　　）答え（カ　　　　　日後）

まめちしき

江戸《えど》時代の本は書き写しが多かった!?

江戸時代には，木の板に文字や絵をほって印刷《いんさつ》した本がありましたが，手で書き写した本（写本《しゃほん》）も本屋さんに並《なら》んでいました。『塵劫記《じんこうき》』のような本も，印刷された本ばかりでなく，1冊《さつ》まるごと書き写した写本が，今もたくさん残《のこ》されています。

右の絵は，『算法稽古図会大成《さんぽうけいこずえたいせい》』（1831〈天保《てんぽう》2〉年＊2）という本の写本です。字も絵も，とてもていねいに写されていますね。

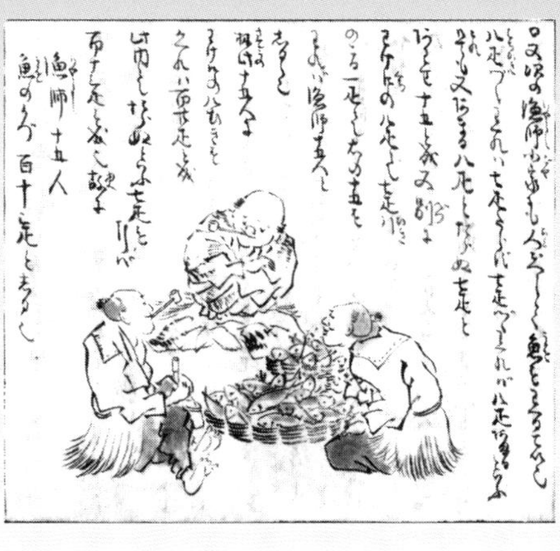

＊1国立国会図書館デジタルコレクションhttps://dl.ndl.go.jp/pid/2583367を加工して作成。
＊2国立国会図書館デジタルコレクションhttps://dl.ndl.go.jp/pid/2533404を加工して作成。

4 角《かど》に注目して碁石《ごいし》の数を求《もと》めよう！
薬《や》師《く》算《し》

基本《きほん》問題

図1のように，碁石を並《なら》べて作った正方形があります。正方形の角（頂点《ちょうてん》，図1の○）からとなりの角までの個数《こすう》はわかりません。これを，1辺《ぺん》の碁石の数で，図2のようにつめて並べかえたところ，4列目（右はし）は5個になりました。このとき，碁石の数は全部でいくつでしょう。

（出典《しゅってん》）吉田光由《よしだみつよし》『塵劫記《じんこうき》』1634（寛永《かんえい》11）年：「薬師算という事《こと》」

〈図1〉

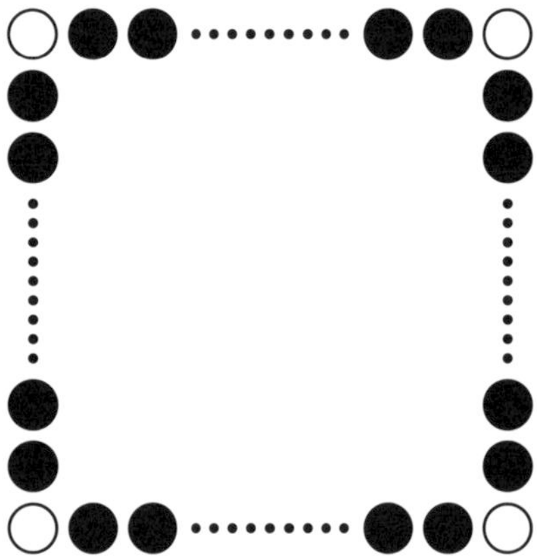

〈図2〉

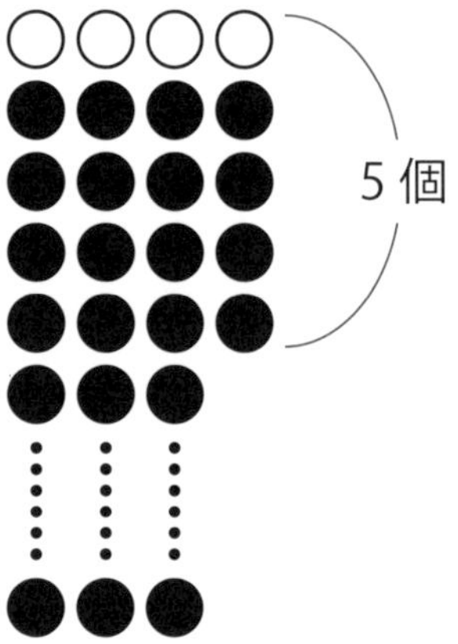

【考え方1】

（　　　　）の中に当てはまる式や数を書きましょう。

①正方形はすべての辺が同じ長さなので，碁石の数は縦《たて》も横も同じです。

しかし，並んだ碁石を縦の列に並べかえると，図1の正方形の角の4つ（○）はふたつの辺に重なっているので，図2のように，その分だけ最後《さいご》の列が少なくなります。

②図3のように，減《へ》った分を右はしの列にたせば，図1の正方形の，1辺の碁石の数がわかります。これを式に表して，答えを求《もと》めましょう。

〈図3〉

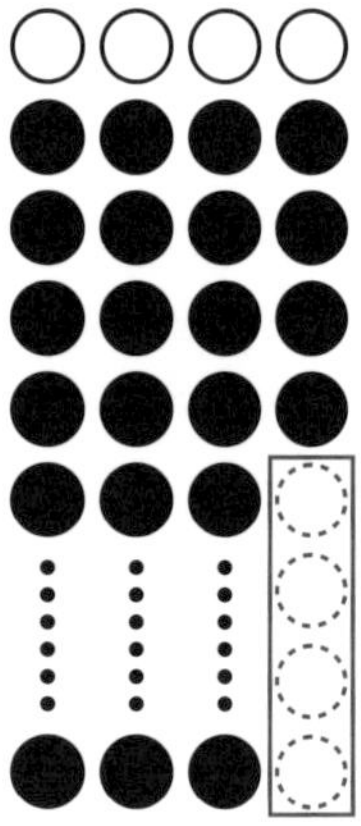

式（ア　　　　　　　　　　　　　　　　）

答え（イ　　　　　個）

【考え方2】『塵劫記』での解《と》き方《かた》

(　　　　)の中に当てはまる式や数を書きましょう。

①図4の正方形の碁石の並びをくずし，図5のように，1辺の碁石の数で並べかえたときの，赤い線で囲《かこ》まれた下の部分の数を考えます。

〈図4〉

〈図5〉

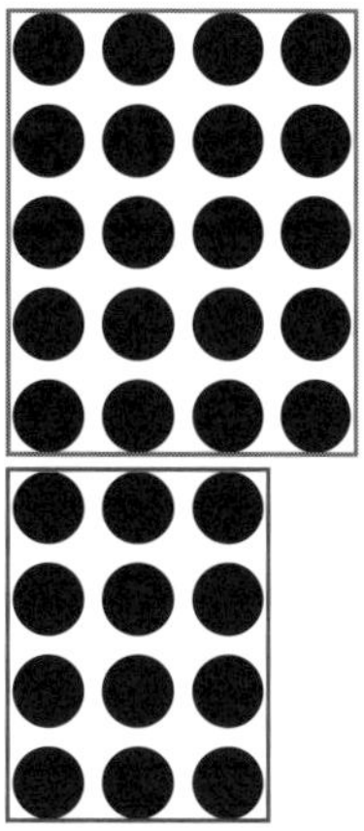

②考え方1で見たように，もとの形は正方形ですから，碁石の数は縦も横も同じです。そして，3列目までを同じ数で並べると，4列目は正方形の角が重なる分の（ウ　　　　個）が少なくなります。

つまり，この問題では，正方形の1辺の碁石の数にかかわらず，赤い線で囲まれた部分の数は必《かなら》ず（ウ　　　　個）×（エ　　　　列）＝（オ　　　　個）になります。

③図5の，灰色《はいいろ》の線で囲まれた上の部分は，4列目の数（カ　　　　個）に，列の数をかけた数になります。上の部分の数と②をもとに，全体の数を求めましょう。

式（キ　　　　　　　　　　　　）　答え（ク　　　　個）

まめちしき

薬師算の「薬師」って何？

薬師如来《にょらい》という仏様《ほとけさま》のことです。薬師如来は，この世における病気や災《わざわ》いといった苦しみをなくすという，12の大きな願《ねが》いを立てて修行《しゅぎょう》したといわれます。その願いに共感《きょうかん》した12人の神様，十二神将《じゅうにじんしょう》が薬師如来を信じる人々を守ります。

この問題も，考え方2で見たように，12という数に関係《かんけい》していることから，「薬師算」という名前がつけられました。

●土佐《とさ》秀信《ひでのぶ》『増補《ぞうほ》諸宗《しょしゅう》 仏像図彙《ぶつぞうずい》』1900（明治《めいじ》33）年「薬師如来」＊

＊国立国会図書館デジタルコレクションhttps://dl.ndl.go.jp/pid/3442143を加工して作成。

発展《はってん》問題1

三角の薬師算《やくしざん》です。図1のように，碁石《ごいし》を並《なら》べて作った正三角形があります。これを，1辺《へん》の碁石の数で，図2のようにつめて並べかえたところ，3列目は5個《こ》になりました。このとき，全部の数はいくつでしょう。

（出典《しゅってん》）中根彦循《なかねげんじゅん》『勘者御伽双紙《かんじゃおとぎぞうし》』1743（寛保《かんぽう》3）年：「同三角《どうさんかく》に並《なら》ぶる事《こと》」

〈図1〉

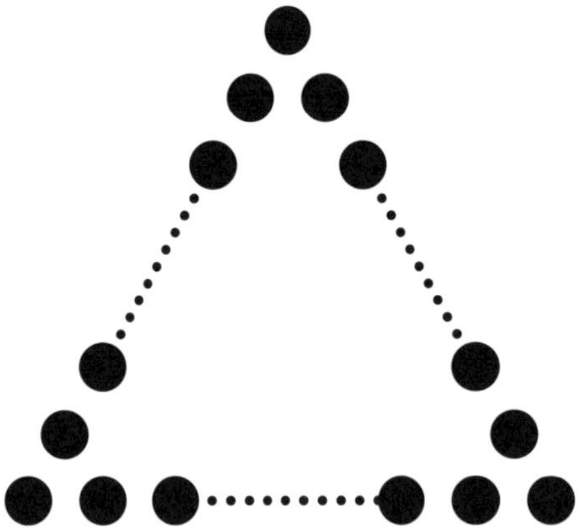

〈図2〉

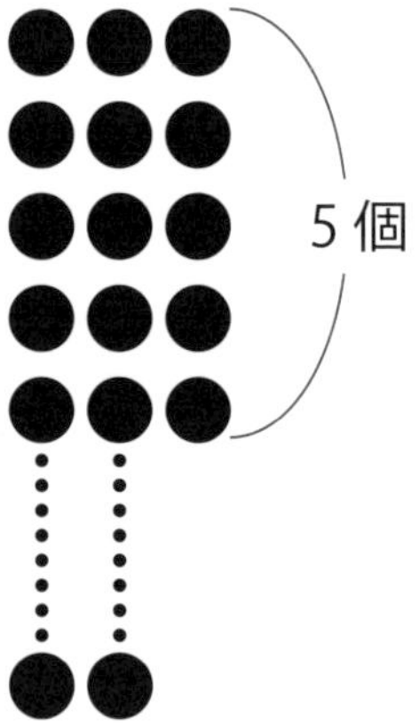

【考え方1】（　　　）の中に当てはまる式や数を書きましょう。

①三角の薬師算では，図3のように角の重なり（○）が（ア　　　　個）になるため，図4のように縦に並べかえると，3列目は必《かなら》ず（イ　　　　個）減《へ》ります。

〈図3〉

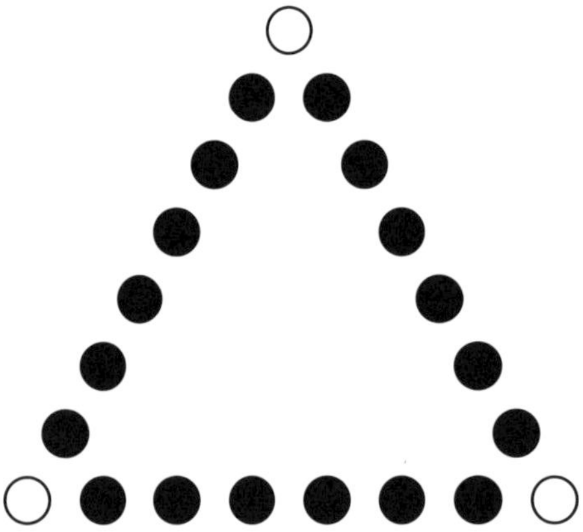

〈図4〉

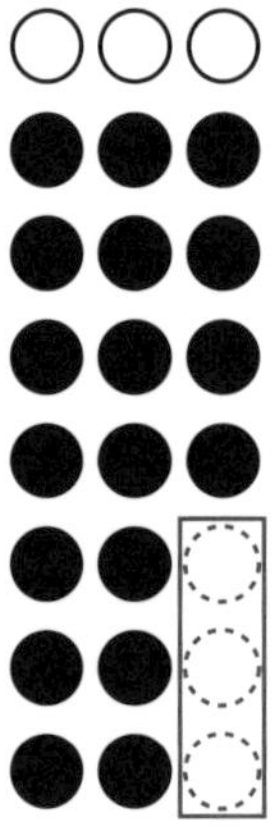

②減った（イ　　　　個）に，3列目の数（ウ　　　　個）をたせば，正三角形の1辺の数がわかります。これを式に表して，碁石の数を求《もと》めましょう。

式（エ　　　　　　　　　　　　）

答え（オ　　　　個）

【考え方2】『勘者御伽双紙』での解《と》き方《かた》

(　　　　)の中に当てはまる式や数を書きましょう。

①基本《きほん》問題にあった正方形の薬師算において，『塵劫記《じんこうき》』では並べかえたときに4列になる上の部分と，3列になる下の部分を分けて計算していました。このとき，3列になった下の部分は必ず（カ　　　　　個）になりました。

三角形の薬師算の場合，この下の部分がいくつになるのかを考えましょう。

②考え方1で見たように，もとの形は正三角形ですから，どの辺も碁石の数は同じです。そして，2列目までを同じ数で並べると，3列目は正三角形の角が重なる分の（キ　　　　　個）だけ少なくなります。

つまり，正三角形の薬師算では，1辺の碁石の数にかかわらず，図5の，赤い線で囲《かこ》まれた下の部分の数は必ず

（キ　　　　　個）×（ク　　　　　列）＝（ケ　　　　　個）になります。

〈図5〉

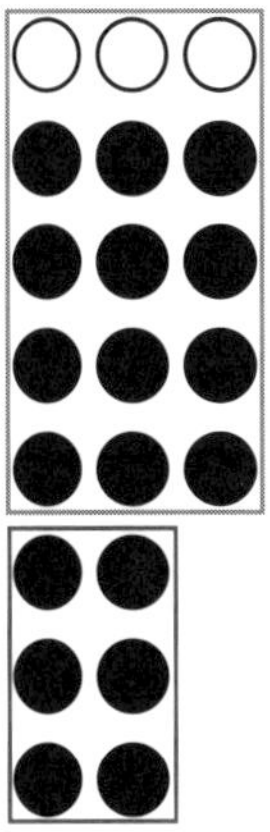

③図5の，灰色《はいいろ》の線に囲まれた上の部分は，3列目の数（コ　　　　　個）に列の数をかけた数になります。では，これをもとに，全体の数を計算しましょう。

式（サ　　　　　　　　　　　　　　　　　　　　　　）

答え（シ　　　　　個）

発展問題2

三角の薬師算で，3列目が0個のとき，碁石の全部の数はいくつでしょう。また，その三角形がどのような形か，●を並べてかきましょう。

（出典）中根彦循『勘者御伽双紙』1743（寛保3）年：「同三角に並ぶる事」

ヒント　上の図5を見てみましょう。3列目に碁石がないときは，灰色の線で囲まれた部分全体がないときです。

碁石全部の数

答え（ア　　　　　個）

この数がどのように並ぶのか右の（イ）にかきましょう。

（イ）

5 縦《たて》・横・ななめの合計をそろえよう！

方《ほう》陣《じん》

基本問題《きほんもんだい》

図1のような9ますに数字を入れて，縦・横・ななめ，すべての列にある3つの数の合計がどれも同じになるようにしたものを，三方陣といいます。

1，2，3の3種類《しゅるい》の数字を3回ずつ使い，三方陣を完成《かんせい》させましょう。

（出典《しゅってん》）村井《むらい》中漸《ちゅうぜん》『算法童子問《さんぽうどうじもん》』1784（天明《てんめい》4）年：「新撰洛書《しんせんらくしょ》の事《こと》」「三行《さんぎょう》の図《ず》」

〈図1〉

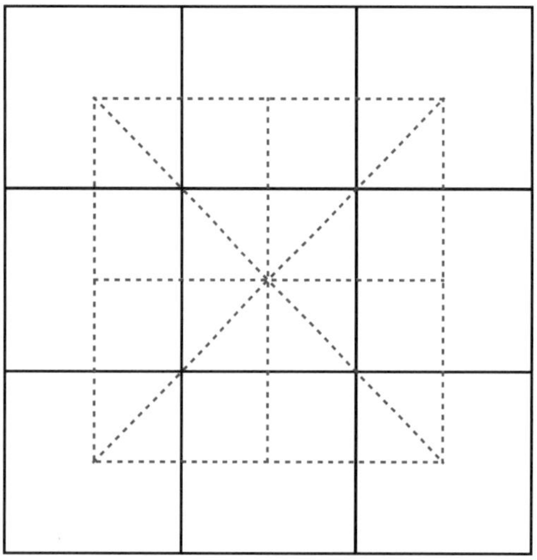

【考え方】

①まず，三方陣の中心のますに入る数字を考えましょう。

中心に1を入れると，どこかに必《かなら》ず1がふたつ入る列ができます。すると，その列だけ合計の数が小さくなります。

中心に3を入れると，どこかに必ず3がふたつ入る列ができます。すると，その列だけ合計の数が大きくなります。

中心に入る数は2になります。

〈図2〉

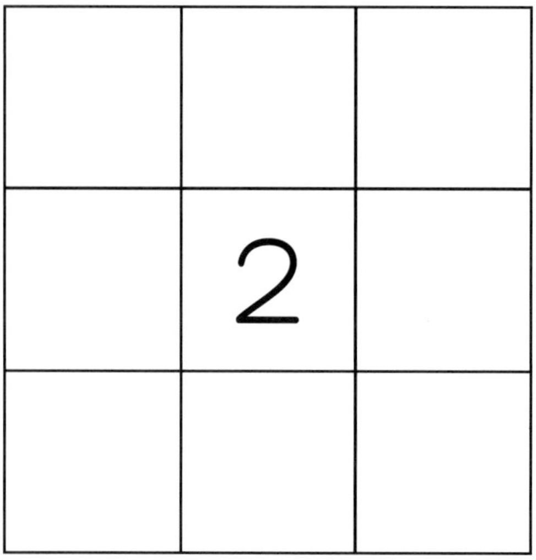

②図2のほかのますに，数字を入れていきましょう。

ヒント

1＋2＋3＝6

2＋2＋2＝6

すべての列の合計が6になるように並《なら》べると，三方陣が完成《かんせい》します。

発展《はってん》問題1

図1のますに1から9までの数字を入れて，三方陣を完成させましょう。

（出典）村井中漸『算法童子問』1784（天明4）年：「新撰洛書の事」「三行の図」

ヒント 中心は5，1列の合計は15になります。

〈図1〉

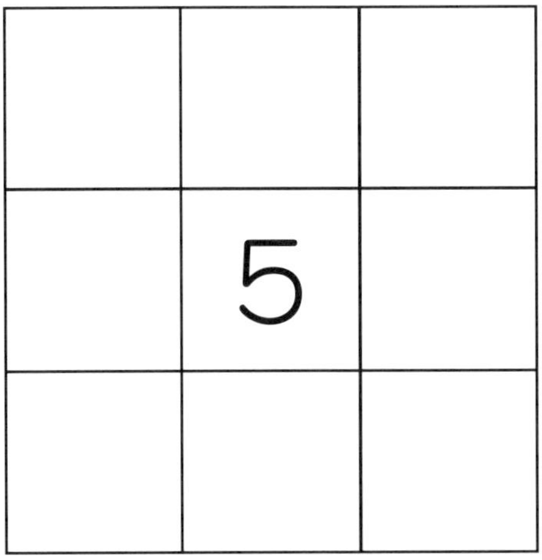

【考え方】（　　　　）の中に当てはまる数を書きましょう。

①中心は5，1列の合計は15なので，中心を通る列（図2）の両どなりの数の合計は10になります。

中心を通り，合計が10になる数の組み合わせは，

（ア　　と　　）（イ　　と　　）

（ウ　　と　　）（エ　　と　　）

の4通りです。

〈図2〉

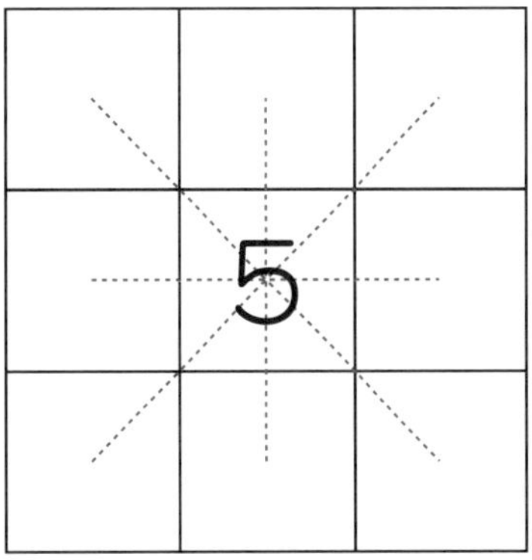

②中心の5を通らない列（図3）で，1列を合計15にする組み合わせを考えましょう。

中心に入れた5は使えないので，

1を使う場合は（オ　　と　　）のひと通り，

2を使う場合は（カ　　と　　）

（キ　　と　　）のふた通りあります。

2のように，組み合わせがふたつある数は，図3の●の位置《いち》に入ります。

1のように，組み合わせがひとつしかない数は●と●の間に入ります。

〈図3〉

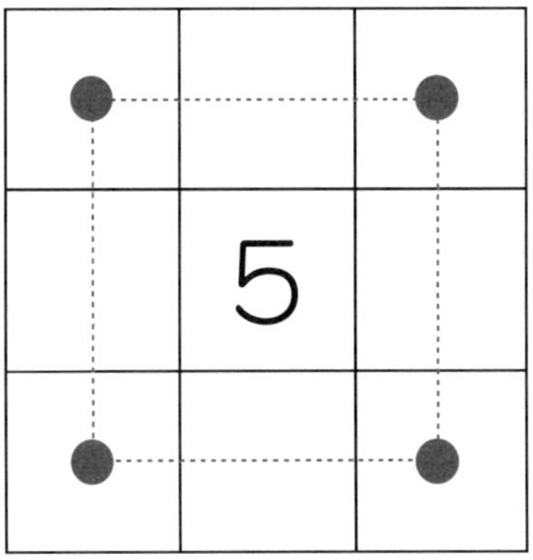

③①②で調べた数の組み合わせをもとに，図1のますをうめていきましょう。

発展《はってん》問題2

図1は，1～16までの数字で作る，縦《たて》と横が4列ずつある四方陣《しほうじん》です。図1の中心の4ますをうめて，四方陣を完成《かんせい》させましょう。

（出典《しゅってん》）中《なか》根《ね》彦循《げんじゅん》『勘者《かんじゃ》御《お》伽双《とぎぞう》紙《し》』1743（寛保《かんぽう》3）年：「洛書《らくしょ》の事《こと》」

〈図1〉

13	8	12	1
3			15
2			14
16	5	9	4

〈図2〉

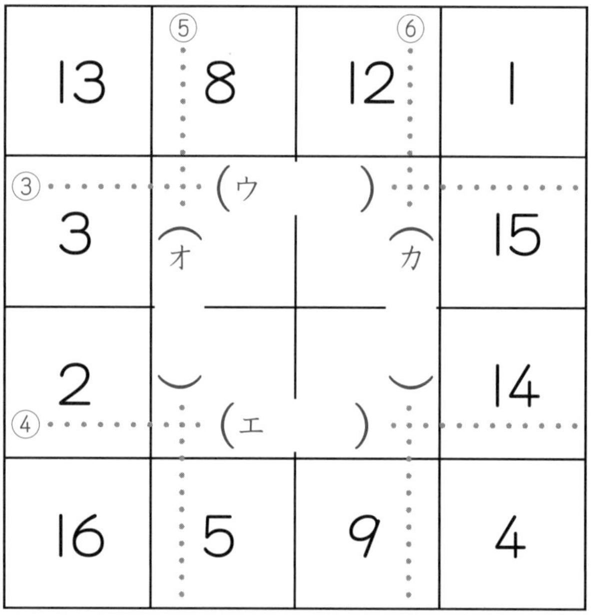

【考え方】（　　　）の中に当てはまる数を書きましょう。

①1～16の中で，図1に使われていない数字を4つ見つけましょう。

答え（ア　　，　　，　　，　　）

②いちばん上の横1列が13，8，12，1なので，1列の合計は

（イ　　　）。

縦・横・ななめの合計を，すべてこの数でそろえます。

③図2を使って，中央の数字の組み合わせを考えてみましょう。

2段目《だんめ》の横の1列は両はしが3と15なので，その間の2ますの合計は（ウ　　　）。

④3段目は，両はしが2と14なので，その間の2ますの合計は

（エ　　　）。

⑤縦の左から2列目は上下が8と5なので，その間の2ますの合計は

（オ　　　）。

⑥右から2列目は上下が12と9なので，その間の2ますの合計は

（カ　　　）。

⑦ななめも合計が（イ　　　）になるようにしながら，図1の4つのますをうめましょう。

コラム1

江戸《えど》時代の重さとかさの単位《たんい》

江戸時代は，現在《げんざい》とはちがうきょりの単位「里《り》・町《ちょう》・間《けん》」を使っていたように（12ページ「まめちしき」），重さとかさの単位もちがっていました。

私《わたし》たちが現在使っている単位は，世界共通《きょうつう》で使うために作られた「メートル法《ほう》」で決められたもので，きょりは「m」（メートル），重さは「kg」（キログラム）を基準《きじゅん》としています。日本では1891（明治《めいじ》24）年から使われるようになりました。

江戸時代の重さの単位は「匁」（もんめ）といいます。1匁は3.75g，今の5円玉と同じ重さです。1000匁になると単位が上がり，1貫匁《かんもんめ》（貫目《かんめ》）になります。1匁の$\frac{1}{10}$が1分《ぶ》，1分の$\frac{1}{10}$が1厘《りん》です。

重さは，はかりとおもり（分銅《ふんどう》）を使って正確《せいかく》に量《はか》ったので，きょりのように，地方によって差《さ》はありませんでした。

江戸時代のかさの単位は「升」（しょう）といいます。1升は日本酒などの1升びんに入る量《りょう》で，1.8Lです。1升の$\frac{1}{10}$が1合《ごう》で，1合の$\frac{1}{10}$が1勺《しゃく》。1升の10倍が1斗《と》，1斗の10倍が1石《こく》になります。

江戸時代，米や油などは「升」「合」などの「ます」を使って量っていました。ますは時代や地方によってサイズが異《こと》なっていましたが，1669（寛文《かんぶん》9）年，江戸幕府《ばくふ》によって右図のサイズに統一《とういつ》されました。

これら，江戸時代の単位を「尺貫法《しゃっかんほう》」といいます。明治時代に日本でメートル法が使われるようになっても，尺貫法は使われ続《つづ》けます。1959（昭和33）年に原則《げんそく》としてはい止され，1966（昭和41）年にメートル法に統一されましたが，今でも生活の中で使われている尺貫法の単位があります。

■重さの単位

1貫匁《かんもんめ》（貫目《かんめ》）＝1000匁

1匁＝10分《ぶ》＝3.75g

1分＝10厘《りん》

てんびんとおもりを使い，たきぎの重さを量っているところ。

●『諸商売改算《しょしょうばいかいさん》智《ち》恵《え》車大全《ぐるまたいぜん》』
1792（寛政《かんせい》4）年
「木《き》屋《や》薪《たきぎ》売買《うりかい》さん用《よう》」＊

■かさの単位

1石《こく》＝10斗《と》

1斗＝10升《しょう》

1升＝10合《ごう》＝1.8L

1合＝10勺《しゃく》

〈1升ます〉

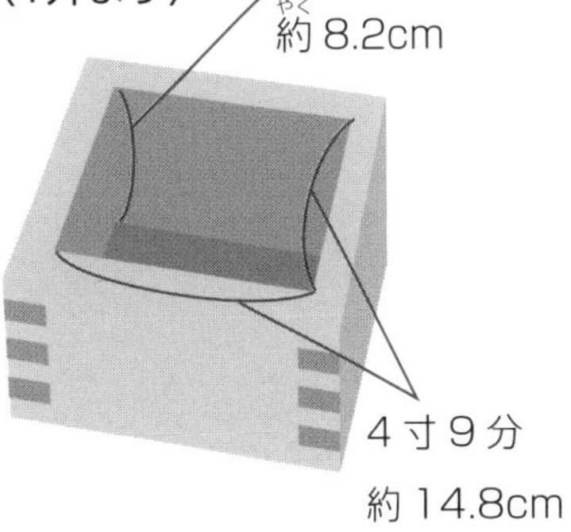

＊著者蔵

6 結《けっ》こんしたいふたりの年の差《さ》に注目！ 年《ねん》れい算《ざん》

基本《きほん》問題

25さいの男と9さいの女の子がいます。ふたりが結こんしたいと言い出しました。かなり年がはなれているので，「せめて男の年の半分になったら，結こんを認《みと》める」と女の子の親が言いました。女の子の年が，男の年の半分になるのは何年後でしょう。

（出典《しゅってん》）藤岡茂元《ふじおかしげもと》『算元記《さんげんき》』1657（明暦《めいれき》3）年：「勘問答集《かんもんどうしゅう》」

※江戸《えど》時代の和算書には問題をおもしろくするために，このように物語にした文章題がたくさんありました。江戸時代の結こんについては，28ページの「まめちしき」をご覧《らん》ください。

【考え方1】（　　　）の中に当てはまる式や数を書きましょう。

①今のふたりの年れいは，3倍近くはなれています。それが2倍の差に縮《ちぢ》む年数を求《もと》める問題です。その年数は，図1のように表せます。

〈図1〉

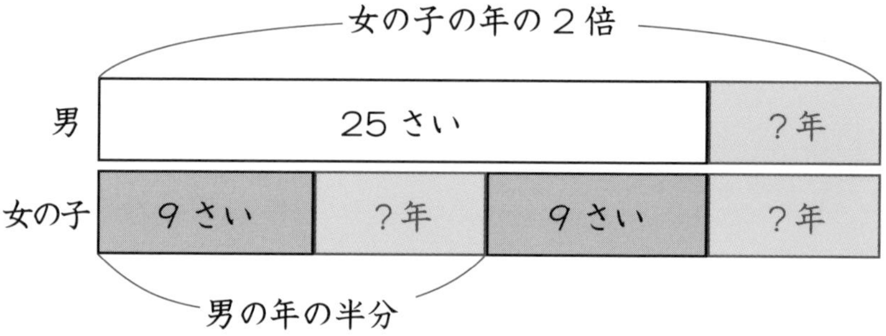

②図1の右はしの赤い部分は上段《じょうだん》・下段ともに同じなので，いっしょに取《と》り除《のぞ》くことができます。すると，図2のようになります。

〈図2〉

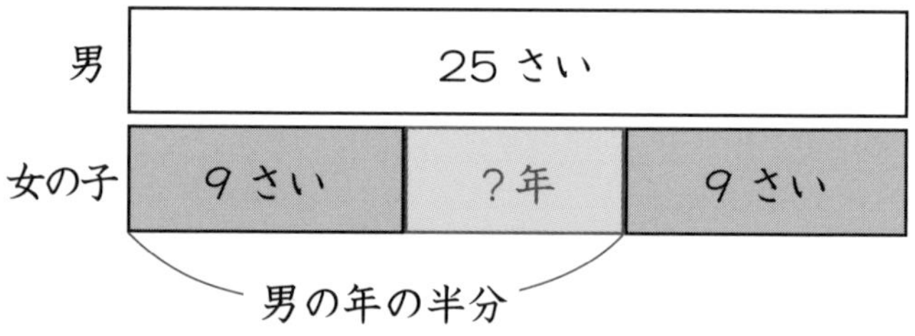

③図2をもとに，赤い部分の年数を求めましょう。

式（ア　　　　　　　　　　　　）答え（イ　　　　年後）

【考え方2】『算元記』での解《と》き方《かた》

（　　　　）の中に当てはまる式や数を書きましょう。

この問題でポイントとなるのは，以《い》下《か》の2点です。

◎ふたりとも毎年1さいずつ年をとること。
◎何年たってもふたりの年の差は変《か》わらないこと。

①図3をもとに，今のふたりの年の差を求めましょう。

〈図3〉

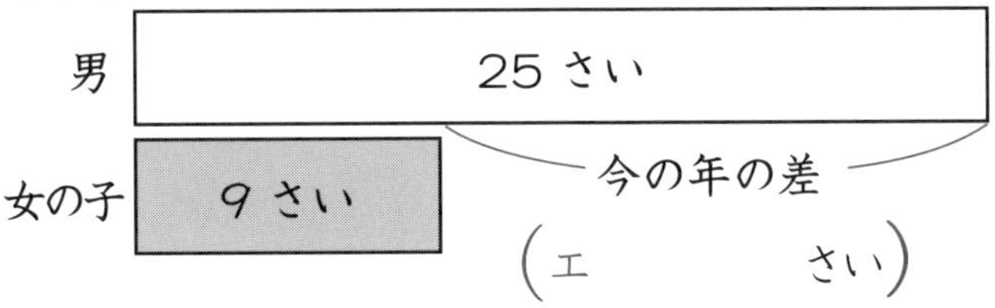

式（ウ　　　　　　　　　　　　）　答え（エ　　　　さい）

②女の子の年が男の半分になるときも，ふたりの年の差は同じであることを図に表すと，図4のようになります。

〈図4〉

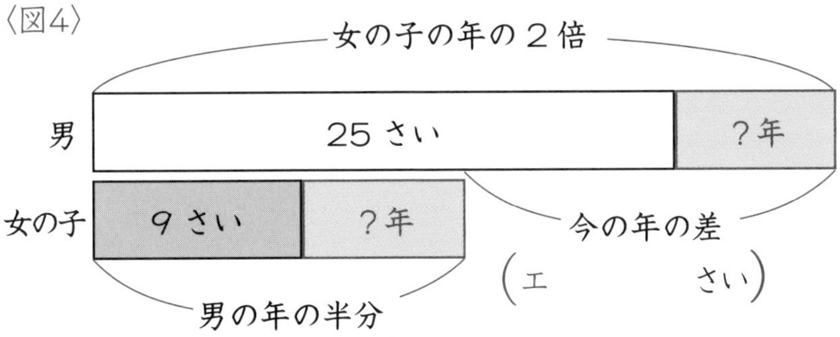

図4から，女の子が男の年の半分になるのは，
・女の子が，ふたりの年の差の年れいになるとき，
・男が，年の差の2倍の年れいになるとき，だとわかります。このことから，何年後に女の子が男の年の半分になるのかを求めましょう。

式（オ　　　　　　　　　　　　）　答え（カ　　　　年後）

③②の答えが正しいかどうか，男の年れいでも計算してみましょう。男が，年の差の2倍になる年れいを求めましょう。

式（キ　　　　　　　　　　　　）　答え（ク　　　　さい）

男がその年れいになるのは，今から何年後でしょう。

式（ケ　　　　　　　　　　　　）　答え（コ　　　　年後）

発展《はってん》問題1

30さいの男が7さいの女の子を妻《つま》にしたいと言いました。女の子の親は，「男の年の半分になったら結《けっ》こんを認《みと》める」と答えました。何年待てば，女の子の年が男の年の半分になるでしょう。

（出典《しゅってん》）中根《なかね》彦循《げんじゅん》『勘者御伽双紙《かんじゃおとぎぞうし》』1743（寛保《かんぽう》3）年：「男女年《なんにょとし》を待《ま》ちて嫁入《よめい》りする事《こと》」

【考え方】（　　　）の中に当てはまる式や数を書きましょう。

①基本《きほん》問題の考え方2と同じ方法《ほうほう》で計算しましょう。

女の子が男の年の半分になるのは，男がふたりの年の差《さ》の（ア　　　　倍）の年れいになるときです。これをもとに，男が結こんできる年れいを求《もと》めましょう。

式（イ　　　　　　　　　　　　）

答え（ウ　　　　さい）

②何年後に，女の子が男の半分の年になるのかを求めましょう。

式（エ　　　　　　　　）　答え（オ　　　　年後）

③考え方1でも計算してみましょう。この問題を図に表すと，図1になります。この図をもとに，何年後に女の子が男の半分の年になるのかを求めましょう。

〈図1〉

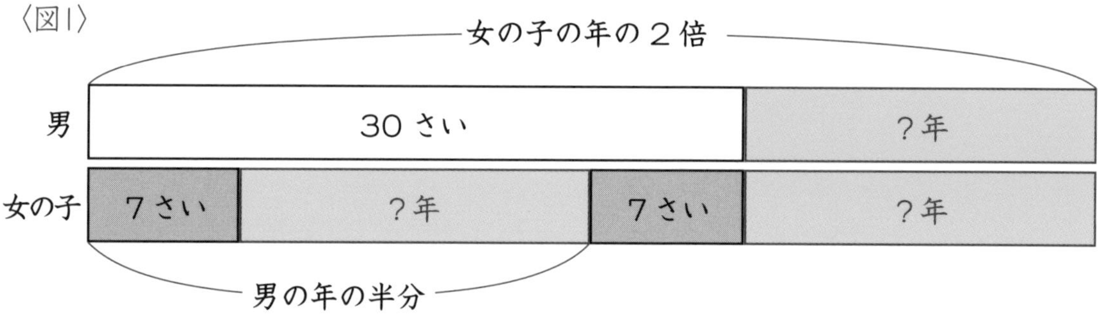

式（カ　　　　　　　　）　答え（キ　　　　年後）

まめちしき　江戸《えど》時代，2倍の年の差の結こんはあった!?

2022（令和《れいわ》4）年4月に，おとなになる成《せい》人《じん》年れいが20さいから18さいに引き下げられました。それまでの法律《ほうりつ》では結こんできるようになる年は女性《じょせい》が16さい，男性は18さいでしたが，男女ともに18さいになりました。

ところが，江戸時代には成人年れいを決めた法律はなく，男は15さいごろ，女は14さいごろにおとなのかみ形に変《か》え，おとなのなか間入りをしました。

女性に比《くら》べて男性の数がとても多かった江戸では，職人《しょくにん》は一人前になるまで，お店で働《はたら》く人はお店の許可《きょか》がでるまで結こんできなかったので，結こんするのにふさわしい時期は男性が20代前半～40さいごろ，女性は15～20さいごろとされていました（参考：大石学・編《へん》『大江戸まるわかり事典《じてん》』時事通信社）。

とすると，当時の江戸では，2倍の年の差での結こんもあったのかもしれませんね。

発展問題2

甲《こう》さんは40さいで，乙《おつ》さんは16さいです。甲さんの年が乙さんの年の9倍だったのは，何年前でしょう。

（出典）栗野忠雄《くりのただお》・編《へん》『新数学全書《しんすうがくぜんしょ》』1876（明治《めいじ》9）年：「諸法雑題《しょほうざつだい》」

【考え方】（　　　　）の中に当てはまる式や数を書きましょう。

①まず，ふたりの年の差を求めましょう。

式（ア　　　　　　　　　　　）答え（イ　　　　　さい）

②甲さんの年が乙さんの9倍だった？年前を図に表すと，図1になります。

〈図1〉

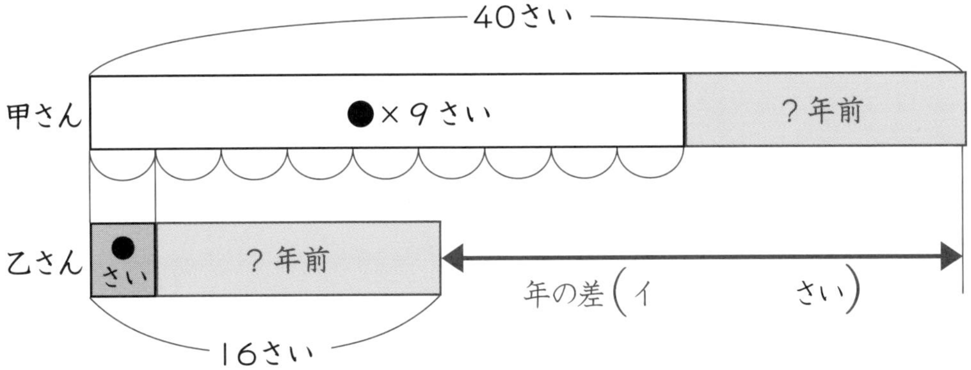

甲さん，乙さん，それぞれの右側《みぎがわ》にある赤い部分は同じなので，いっしょに取《と》り除《のぞ》くことができます。それを図に表すと，図2になります。

〈図2〉

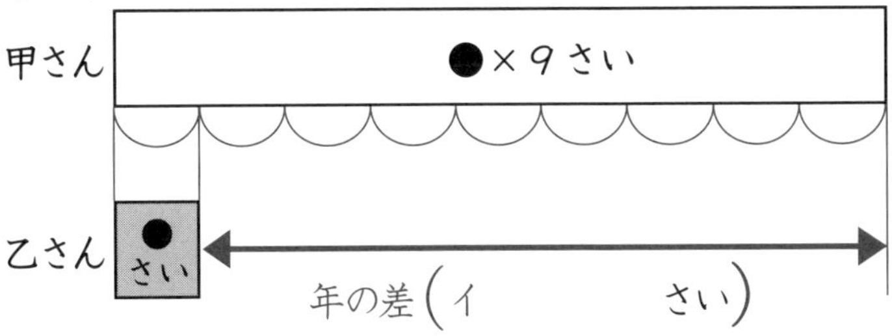

この図をもとに，乙さんの年れい「●」を求めましょう。

式（ウ　　　　　　　　　　　）答え（エ　　　　　さい）

③②をもとに，甲さんと乙さんの年の差が9倍だったのは何年前かを求めましょう。

式（オ　　　　　　　　　　　）答え（カ　　　　　年前）

7 縦《たて》・横に進んで碁石《ごいし》を全部取ろう！

拾《ひろ》い物《もの》

基本問題《きほん》

碁石が図１のように21個《こ》並《なら》んでいます。右下の①からスタートして縦・横に進みながら１個ずつ石を取《と》り除《のぞ》き，㉑まですべて取りつくしましょう。ただし，ななめに進んだり，後もどりすることはできません。

（原案《げんあん》）中根彦循《なかねげんじゅん》『勘者御伽双紙《かんじゃおとぎぞうし》』1743（寛保《かんぽう》3）年：「拾《ひろ》ひものの事《こと》」「かんざし」

〈図1〉

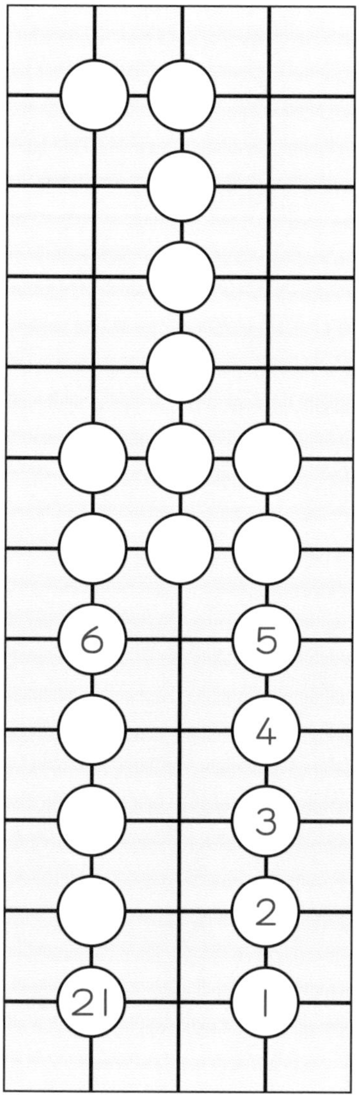

【考え方】

同じ『勘者御伽双紙』にある「井筒《いづつ》」で，進み方を確認《かくにん》しておきましょう。

〈図2〉

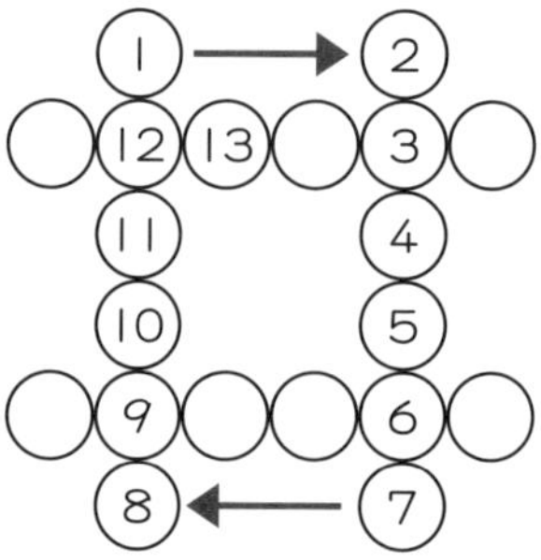

図2のように，①から⑬まで進みます。

①から②，⑦から⑧のように，間に石がないところは飛《と》ぶことができます。

〈図3〉

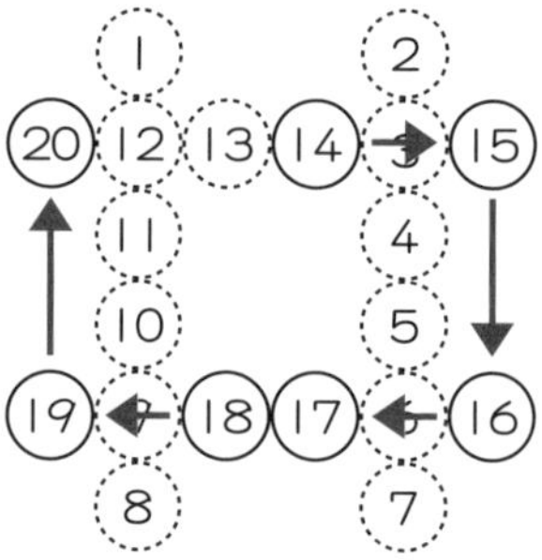

図3は⑭から先を表したものです。

すでに拾い取ったところは，⑭から⑮，⑯から⑰，⑱から⑲のように飛ぶことができます。

それでは，図１の「かんざし」の問題にチャレンジしましょう。右下の①〜⑥から始めて，左下の㉑まで拾い取りましょう。

発展《はってん》問題1

「片《かた》根《ね》矢《や》」という形の拾い物です。「片根矢」は，矢の先（やじり，下の図の右先）の片方だけがななめに広がっている矢のことです。①から⑳まで，すべての石を拾い取りましょう。

（原案）多《た》賀《が》谷《や》環中仙《かんちゅうせん》『和《わ》国《こく》智《ち》恵《え》較《くらべ》』1727（享保《きょうほう》12）年：
「片《かた》根《ね》矢《や》の取物《とりもの》」

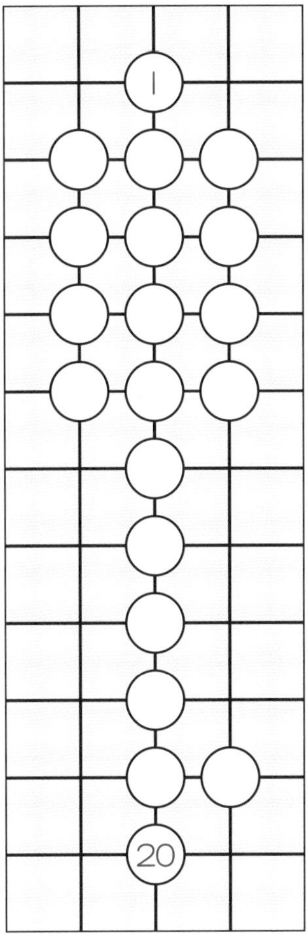

発展問題2

漢字の「小」の字をかたどった拾い物です。①②から⑮⑯まで，すべての石を拾い取りましょう。

（原案）武《たけ》田《だ》真元《しんげん》『階梯算法《かいていさんぽう》』1820（文政《ぶんせい》3）年：
「碁石《ごいし》を並《なら》べて拾《ひろ》ふ事《こと》」「小の字」

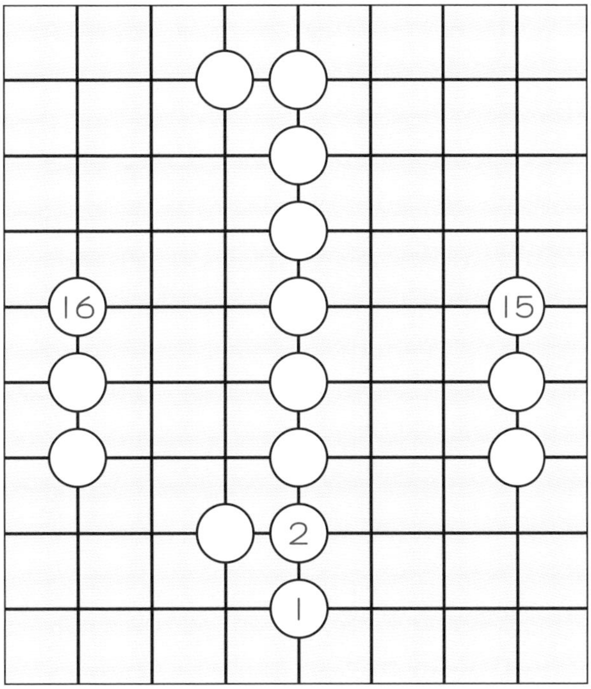

発展問題《はってん》3

漢字の「大」の字をかたどった拾《ひろ》い物《もの》です。①②から始めて，最後《さいご》の⑯⑰まで拾い取りましょう。石がななめに並《なら》んでいる下半分は，そのままななめには進めません。

（原案《げんあん》）武田真元《たけだしんげん》『階梯算法《かいていさんぽう》』1820（文政《ぶんせい》3）年：「碁石《ごいし》を並《なら》べて拾《ひろ》ふ事《こと》」「大の字」

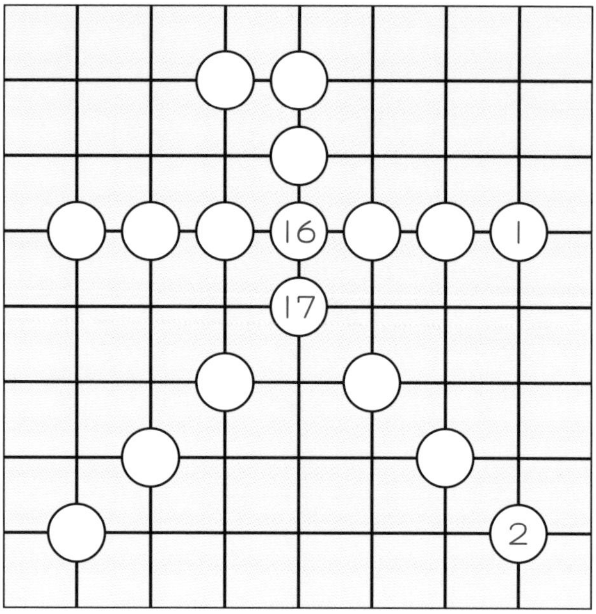

発展問題4

漢字の「木」の字をかたどった拾い物です。①②③から㉔㉕㉖まで，すべての石を拾い取りましょう。

（原案）武田真元『階梯算法』1820（文政3）年：「碁石を並べて拾ふ事」「木の字」

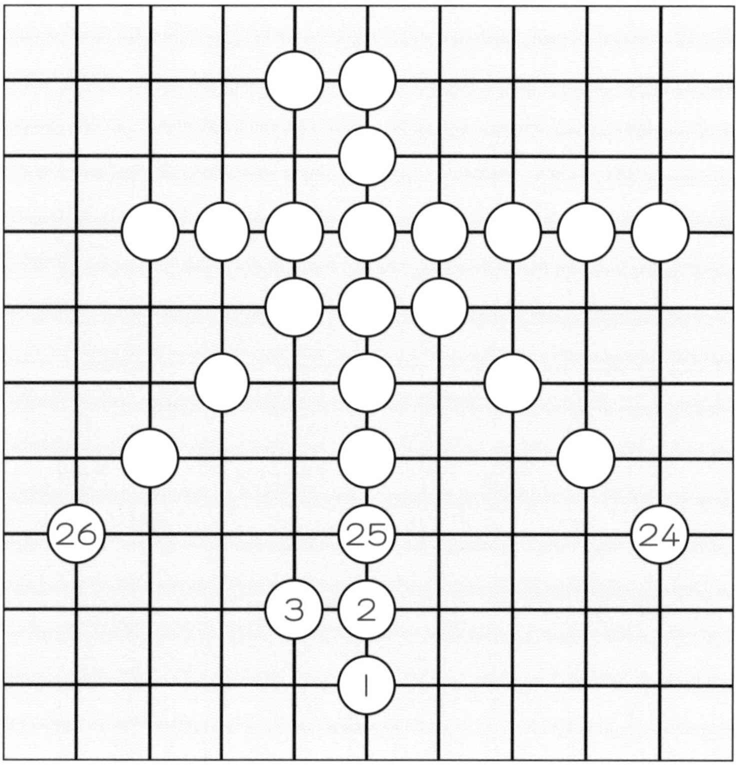

発展問題5

漢字の「金」の字をかたどった拾い物です。①から⑫をヒントに㉚まで，すべての石を拾い取りましょう。

（原案）武田真元『階梯算法』
1820（文政3）年：
「碁石を並べて拾ふ事」
「金の字」

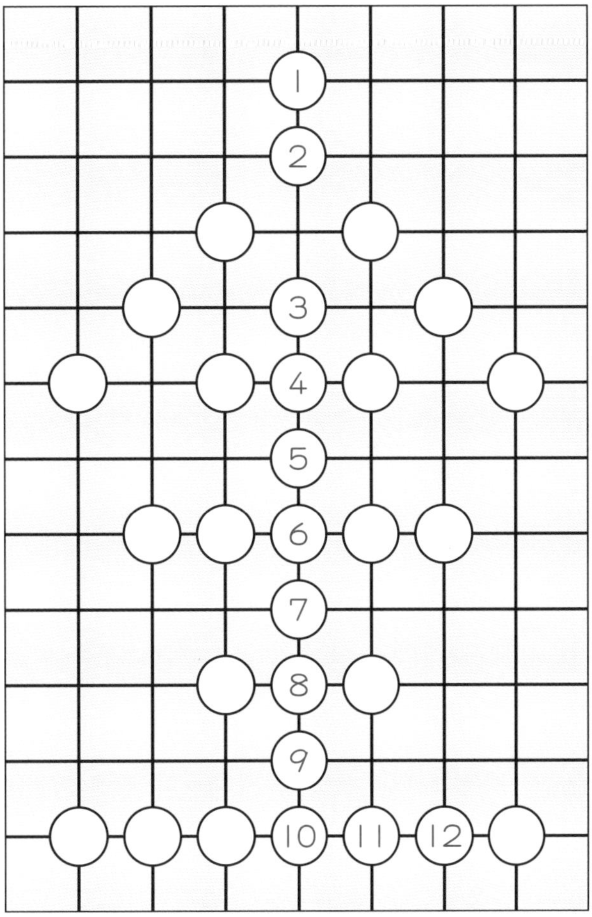

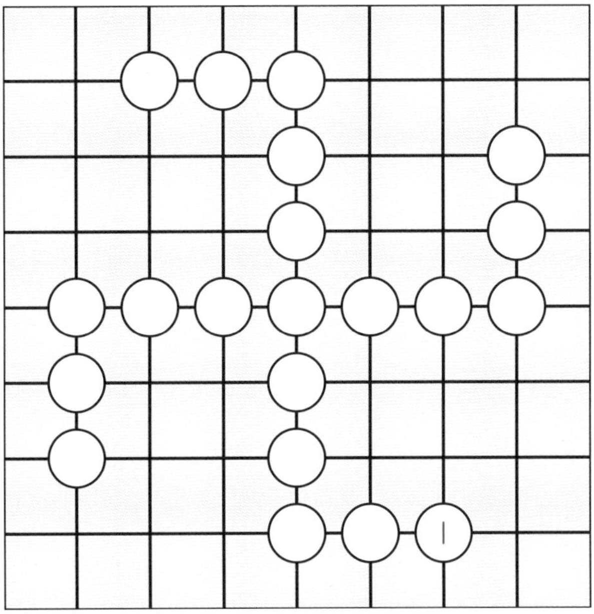

発展問題6

漢字の「卍《まんじ》」をかたどった拾い物です。①から㉑まで，すべての石を拾い取りましょう。

（原案）多《た》賀《が》谷《や》環中仙《かんちゅうせん》『和《わ》国《こく》智《ち》恵較《えくらべ》』
1727（享保《きょうほう》12）年：
「まん字（卍）の取物《とりもの》」

8 どろぼう一味の人数を当てよう！
盗《ぬす》人《びと》算《ざん》

基本《きほん》問題

どろぼう（盗人）たちが，盗んだ絹《きぬ》の反物《たんもの》（着物用の織《お》り物《もの》）を橋の下で分けています。橋の上を通りかかった人がその声を聞いたところ，反物を7反ずつ配《くば》ると8反余《あま》り，8反ずつ配ると7反足りないといいます。このとき，反物は全部で何反あるでしょう。

※1反はおとなひとり分の着物が作れる布《ぬの》のはばと長さ。

（出典《しゅってん》）吉田光由《よしだみつよし》『塵劫記《じんこうき》』1631（寛永《かんえい》8）年：「絹盗人《きぬぬすびと》の事《こと》」

【考え方】（　　　　）の中に当てはまる式や数を書きましょう。

①図1のように，7反ずつ配ると8反余るので，8人分が余ります。

②図2のように，8反ずつ配ると7反足りないので，7人分の不足です。

〈図1〉

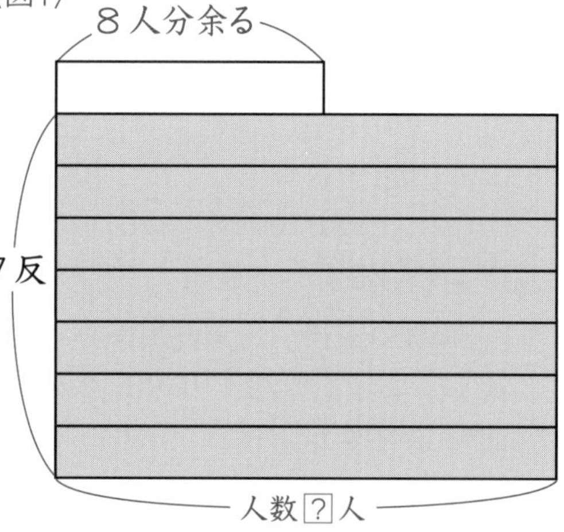

〈図2〉

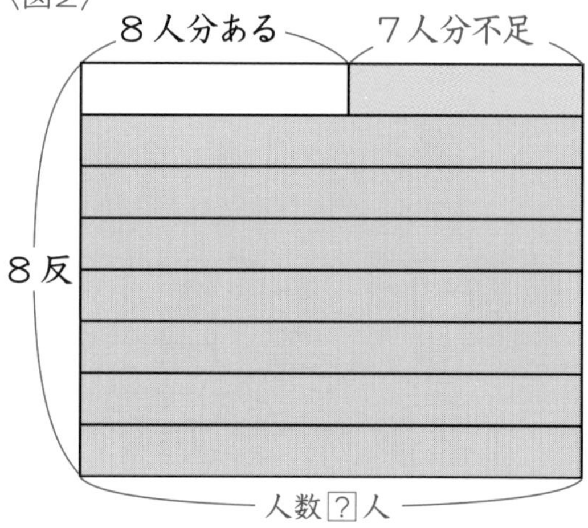

③図2のように，今ある8人分に，7人分をたすことができれば，全員に1反ずつ多く配ることができます。これをもとに，どろぼうの人数を計算しましょう。

式（ア　　　　　　　　　　　　）答え（イ　　　　人）

④人数がわかれば，盗んだ反物の数も計算できます。7反ずつ配って8反余ることから，式に表して反数を計算しましょう。

式（ウ　　　　　　　　　　　　）答え（エ　　　　反）

⑤8反ずつ配って7反足りないことから，式に表して反数を計算しましょう。

式（オ　　　　　　　　　　　　）答え（カ　　　　反）

発展問題《はってん》1

反物をひとりに６反ずつ配ると８反余り，８反ずつ配ると６反不足します。このときの反数と人数を求《もと》めましょう。　(出典《しゅってん》) 長谷川《はせがわ》弘《ひろし》『算法通書《さんぽうつうしょ》』1854 (嘉永《かえい》7) 年:「盈肭《えいじく》」

【考え方】(　　　　)の中に当てはまる式や数を書きましょう。

①この問題を図に表すと，図1のようになります。

6反ずつ配るときの余り8反に，8反ずつ配るときの不足分6反をたすことができれば，全員に(ア　　　　反)ずつ多く配ることができます。

ここで，図1の上の赤い四角ふたつをあわせた部分・図2に注目しましょう。

〈図1〉

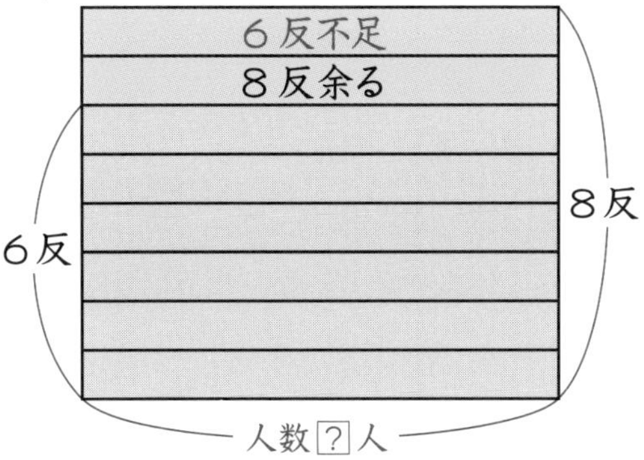

〈図2〉

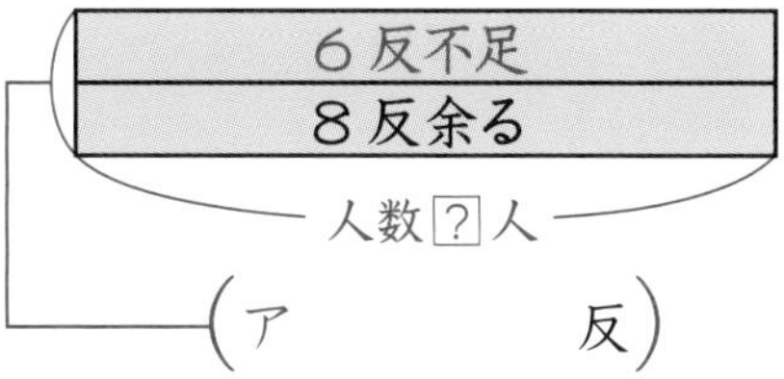

このふたつを囲《かこ》んだ大きな長方形の面積《めんせき》は，余り8反と不足分6反を合わせた数，縦《たて》の長さは(ア　　　　反)になります。

これをもとに，長方形の横となる人数を求めましょう。

式(イ　　　　)

答え(ウ　　　　人)

②6反ずつ配って8反余ることから，式に表して反数を計算しましょう。

式(エ　　　　)　答え(オ　　　　反)

③8反ずつ配って6反不足することから，式に表して反数を計算しましょう。

式(カ　　　　)　答え(キ　　　　反)

発展《はってん》問題2

子どもが集まって，おかしを分け合います。40個《こ》ずつ取ると100個不足し，38個ずつ取っても70個不足します。子どもの人数とおかしの数はいくつでしょう。

（出典《しゅってん》）福田理軒《ふくだりけん》『明治小学塵劫記《めいじしょうがくじんこうき》』1878（明治《めいじ》11）年：「盈朒《えいじく》の算」

【考え方】

（　　　）の中に当てはまる式や数を書きましょう。

① この問題では，どちらも不足になっていますが，考え方は発展問題1と変《か》わりません。
　この問題を図に表すと，図1になります。さらに，図の赤い長方形に注目すると，図2になります。

② 図2の縦《たて》となる，取るおかしの数の差《さ》を求《もと》めましょう。

式（ア　　　　　　　　）

答え（イ　　　　個）

③ 40個ずつ取るときと，38個ずつ取るときの，不足するおかしの数の差を求めましょう。

式（ウ　　　　　　　　）

答え（エ　　　　個）

④ ②と③をもとに，赤い長方形の横となる人数を求めましょう。

式（オ　　　　　　　　）

答え（カ　　　　人）

⑤ 40個ずつ取って100個不足することから，おかしの数を求めましょう。

式（キ　　　　　　　　）

答え（ク　　　　個）

⑥ 38個ずつ取って70個不足することから，おかしの数を求めましょう。

式（ケ　　　　　　　　）

答え（コ　　　　個）

〈図1〉

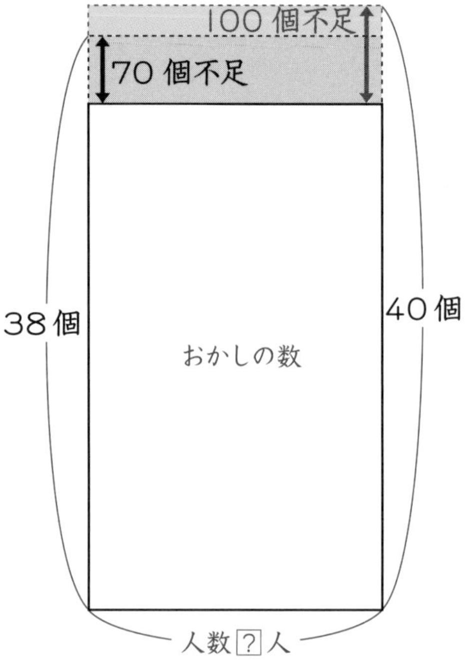

〈図2〉

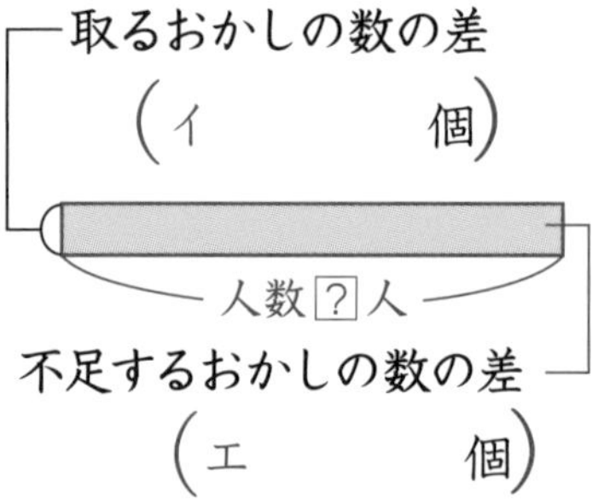

コラム2

複雑《ふくざつ》だった江戸《えど》時代のお金の単位《たんい》

江戸時代には金，銀，銭《ぜに》（銅《どう》）という3種類《しゅるい》のお金がありました。この3種類はそれぞれ数える単位がちがっていて，私《わたし》たちが今使っている円という単位と比《くら》べると，かなり複雑でした。

金貨《きんか》といえば大判《おおばん》や小判《こばん》が有名ですね。大判は主におくり物として使われたもので，お金として使うのは小判でした。小判1枚は1両《りょう》といいました。小判は多くの人にとっては手の届《とど》かない大金でした。

小判より小さい金貨には1分《ぶ》金，1朱《しゅ》金があり，1両が4分，1分が4朱になりました。

ちなみに，時代劇《じだいげき》によく出てくる千両箱は，箱と小判を合わせると，重さが20kg以上《いじょう》になるものもありました。たいへん重くて，簡単《かんたん》に持ち運べるものではありませんでした。

銅貨は銭と呼《よ》ばれ，1枚が1文《もん》で，1000文で1貫《かん》になりました。江戸時代に最《もっと》も流通したのが，真ん中に四角い穴《あな》が開いている「寛永通宝《かんえいつうほう》」でした。その発行枚数《まいすう》はなんと300億《おく》〜400億枚！ 現在《げんざい》の銅貨にあたる10円玉の発行枚数の約《やく》300億枚を上回っていたのです。

形と大きさが統一《とういつ》されていて，その価値《かち》が定まっていた金貨と銅貨に対し，銀貨はそのものの重さで価値が決まるお金でした。したがって，重さの単位・匁《もんめ》で数えました（25ページ・コラム1）。銀1匁は10分《ぶ》になり，何匁何分と表しました。また，1000匁で1貫になりました。

小判・銀貨・銭は，両替屋《りょうがえや》というお店で交かんできました。幕府《ばくふ》は交かんの割合《わりあい》を決めていましたが，それはあくまで目安で，割合は日々変わりました。

■金貨の単位

慶長小判《けいちょうこばん》・慶長一分金《けいちょういちぶきん》（1601年）

1両《りょう》＝4分《ぶ》

文政一朱金《ぶんせいいっしゅきん》（1824年）

1分＝4朱《しゅ》

■銭の単位

寛永通宝《かんえいつうほう》（1636年）

1貫《かん》＝1000文《もん》

■銀貨の単位

慶長丁銀《けいちょうちょうぎん》・慶長豆板銀《けいちょうまめいたぎん》（1601年）

1貫《かん》＝1000匁《もんめ》

1匁＝10分《ぶ》

写真：日本銀行金融研究所貨幣博物館所蔵

9 足の本数から動物の数を求《もと》めよう！ つるかめ算《ざん》

基本問題《きほんもんだい》

ツルとカメが，合わせて13びき（わ）います。足の本数が合わせて36本あるとき，ツルとカメはそれぞれ何びき（わ）いるでしょう。

（出典《しゅってん》）千葉《ちば》胤秀《たねひで》『算法新書《さんぽうしんしょ》』1830（文政《ぶんせい》13）年：「差分《さぶん》」

【考え方1】（　　　　）の中に当てはまる式や数を書きましょう。

①もし13びき全部がツルだとした場合の，足の本数を計算しましょう。
　また，図1のますに，その数だけ色をぬりましょう。

式（ア　　　　　　　　　　　　）答え（イ　　　　本）

〈図1〉（ウ）

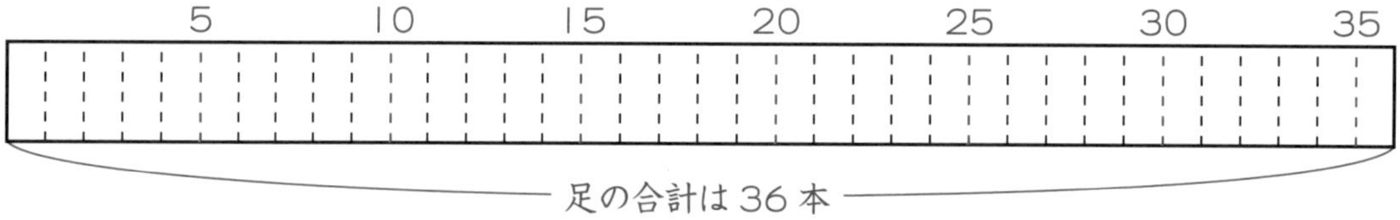

②13びきの中にはカメもふくまれているため，色をぬった図1のように，全体の足の本数には足りません。その足りない数を求めましょう。

式（エ　　　　　　　　　　　　）答え（オ　　　　本）

この数（図1の色をぬっていない部分）が，カメの足で増《ふ》える分になります。

③ツルとカメの足の本数の差《さ》を求めましょう。

式（カ　　　　　　　　　　　　）答え（キ　　　　本）

④②で求めた，全体の本数に足りない数を，③で求めた足の本数の差でわれば，カメの数がわかります。計算しましょう。

式（ク　　　　　　　　　　　　）答え（ケ　　　　ひき）

⑤ツルの数も求めましょう。

式（コ　　　　　　　　　　　　）答え（サ　　　　わ）

【考え方2】面積《めんせき》の図に表す解《と》き方《かた》。『算法新書』での解き方

(　　　　)の中に当てはまる式や数を書きましょう。

①図2の左の長方形はツルの足の合計，右の長方形はカメの足の合計を表します。縦《たて》は足の本数，横は左がツルの数，右がカメの数で，合計13びき（わ）です。

〈図2〉

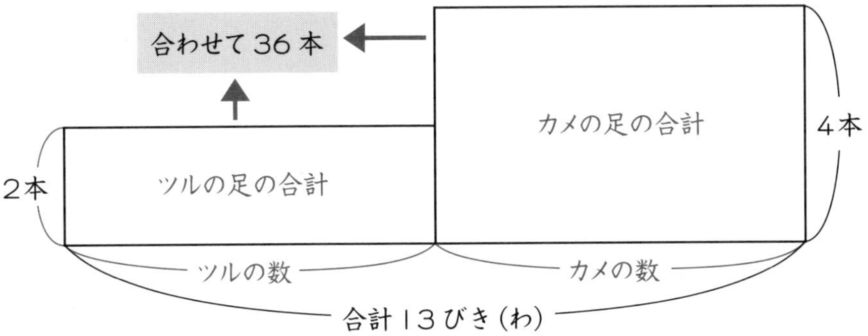

②図2の形を変《か》えずに，図3のように上下に切り分けます。

〈図3〉

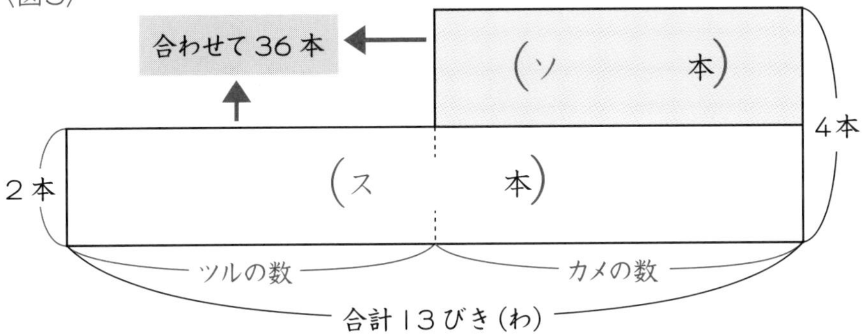

図3の下の長方形は，縦・横の長さがわかっています。この長方形が表す足の本数を求めましょう。

式(シ　　　　　　　　　　　　　　　　)　答え(ス　　　　本)

③足の本数の合計から②の答えをひけば，図2の赤い長方形が表す足の本数がわかります。その数を求めましょう。

式(セ　　　　　　　　　　　　　　　　)　答え(ソ　　　　本)

④赤い長方形の縦は足の本数の差なので，(タ　　　　本)です。③の答えを足の本数の差でわり，赤い長方形の横が表すカメの数を求めましょう。

式(チ　　　　　　　　　　　　　　　　)　答え(ツ　　　　ひき)

⑤ツルの数も求めましょう。

式(テ　　　　　　　　　　　　　　　　)　答え(ト　　　　わ)

発展《はってん》問題1

ニワトリとウサギが合わせて100わ（ひき）います。足の本数が合わせて284本でした。ニワトリとウサギの数は，それぞれいくつでしょう？

（出典《しゅってん》）千葉胤秀《ちばたねひで》『算法新書《さんぽうしんしょ》』1830（文政《ぶんせい》13）年：「差分《さぶん》」

【考え方】（　　　　）の中に当てはまる式や数を書きましょう。

◎基本《きほん》問題の考え方1で解《と》きましょう。

①もしすべてニワトリだとした場合の，足の本数を計算しましょう。

式（ア　　　　　　　　　　　　　　　　）答え（イ　　　　本）

②その数と，全体の足の本数の差《さ》を求《もと》めましょう。

式（ウ　　　　　　　　　　　　　　　　）答え（エ　　　　本）

③ニワトリとウサギの足の本数の差を求めましょう。

式（オ　　　　　　　　　　　　　　　　）答え（カ　　　　本）

④②の答えを，足の本数の差でわり，ウサギの数を求めましょう。

式（キ　　　　　　　　　　　　　　　　）答え（ク　　　　ひき）

⑤ウサギの数をもとに，ニワトリの数を求めましょう。

式（ケ　　　　　　　　　　　　　　　　）答え（コ　　　　わ）

まめちしき

つるかめ算のもとは，きじうさぎ算!?

つるかめ算は，1700年ほど前の中国でつくられたといわれています。そのときの動物の組み合わせはツルとカメではなく，キジとウサギでした。

この問題を初《はじ》めて日本にしょうかいした『因帰算《いんきさん》歌《か》』（1640〈寛永《かんえい》17〉年）という本でも組み合わせはキジとウサギ。江戸《えど》時代後期になると，おめでたいコンビとしてツルとカメに変《か》わりました。

「つるかめ算」という名前になったのは，明治《めいじ》時代から。江戸時代には「差分《さぶん》」と呼《よ》ばれていました。

昔は，ウサギを「わ（羽）」で数えたともいいますが，『因帰算歌』は「ひき（匹）」を使っています。後の和算書でも「ひき」が多く，昔も「わ（羽）」に決まっていたわけではないようです。

キジとウサギの組み合わせによる問題のさし絵。●『諸商売改算智恵車大全《しょしょうばいかいさんちえぐるまたいぜん》』1792（寛《かん》政《せい》4）年：「雉子兎《きじうさぎ》の足《あし》を見《み》て数《かず》を知《し》る算《さん》」＊

＊著者蔵

発展問題2

金太郎《きんたろう》が足柄山《あしがらやま》で，友だちの天狗《てんぐ》とクマといっしょに遊んでいました。あるとき，「山姥《やまうば》」（金太郎の母）が友だちの数を数えたところ，頭は77で，足は244本でした。天狗とクマの数はそれぞれいくつでしょう。クマは4本足で，天狗は2本足です。

（出典）柳川春三《やながわしゅんさん》『算法珍書《さんぽうちんしょ》』1869（明治《めいじ》2）年：無題

【考え方】（　　　　）の中に当てはまる式や数を書きましょう。

◎基本問題の考え方2で解きましょう。

①この問題を図に表すと，図1になります。

〈図1〉

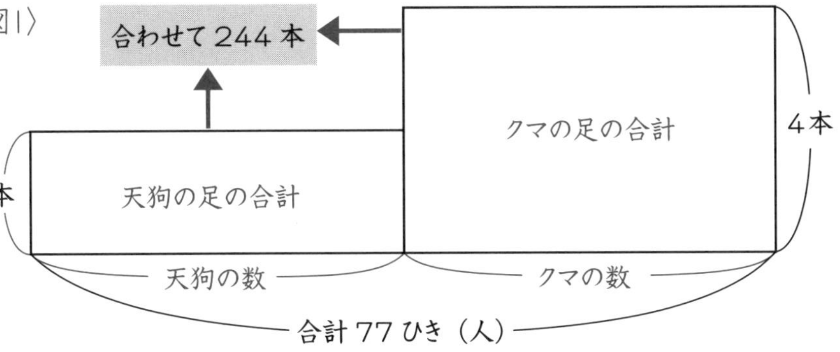

②図1の形を変えずに，図2のように上下に切り分けます。

〈図2〉

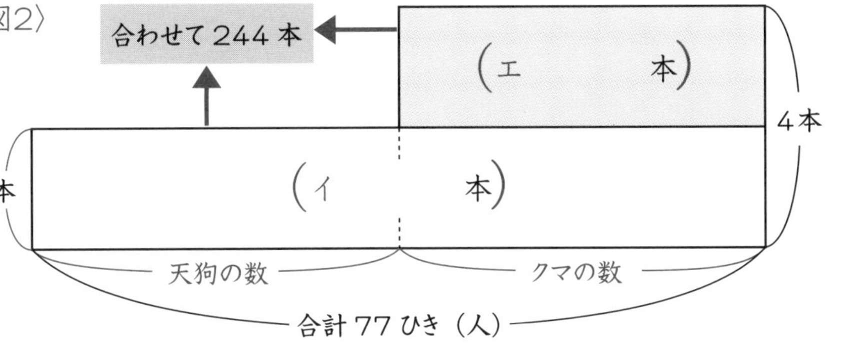

図2の下の白い長方形が表す足の本数を求めましょう。

式（ア　　　　　　　　　　）　答え（イ　　　　本）

③図2の上の赤い長方形が表す足の本数を求めましょう。

式（ウ　　　　　　　　　　）　答え（エ　　　　本）

④③をもとに，クマの数と天狗の数をそれぞれ求めましょう。

クマの数：式（オ　　　　　　　　　　）　答え（カ　　　　ひき）

天狗の数：式（キ　　　　　　　　　　）　答え（ク　　　　人）

10 山になった米俵《こめだわら》の数を求《もと》めよう！

俵《たわら》杉《すぎ》算《ざん》

基本《きほん》問題

◎この問題では小学5年生で学習する「平行四辺形《しへんけい》の面積《めんせき》」の計算を使います。

図1のように，三角形に積《つ》み上《あ》げられた米俵の山があります。いちばん下の段《だん》が13俵《びょう》のとき，米俵は全部でいくつあるでしょう。

（原案《げんあん》）吉田光由《よしだみつよし》『塵劫記《じんこうき》』1627（寛永《かんえい》4）年：「俵杉算の事《こと》」

〈図1〉

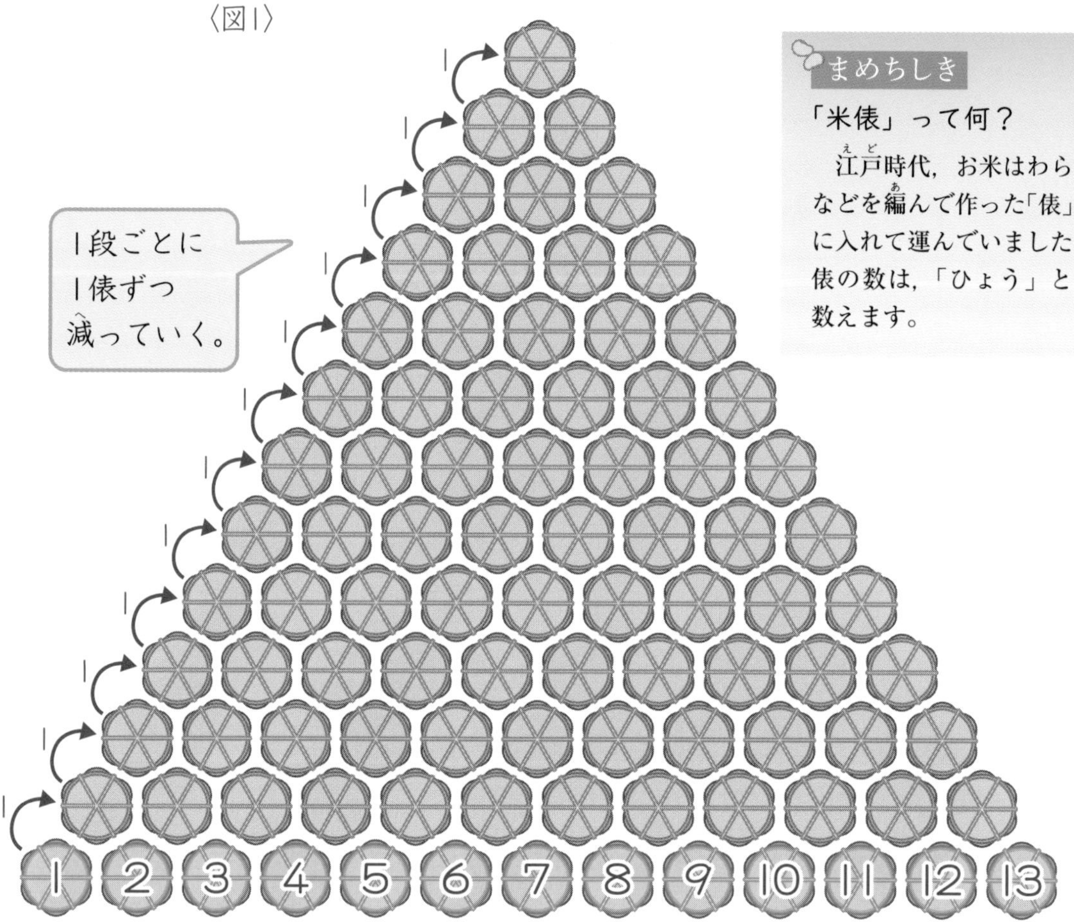

まめちしき

「米俵」って何？

江戸《えど》時代，お米はわらなどを編《あ》んで作った「俵」に入れて運んでいました。俵の数は，「ひょう」と数えます。

・米俵の数を数えずに，計算で答えを求めましょう。

・この問題は1から13のたし算（1+2+3+4+5+6+7+8+9+10+11+12+13）と同じですが，和算では向かい合った2組の辺が平行な四角形，平行四辺形の面積の求め方と同じように計算しました。

では，やってみましょう。

【考え方】(　　　　)の中に当てはまる式や数を書きましょう。

〈図2〉

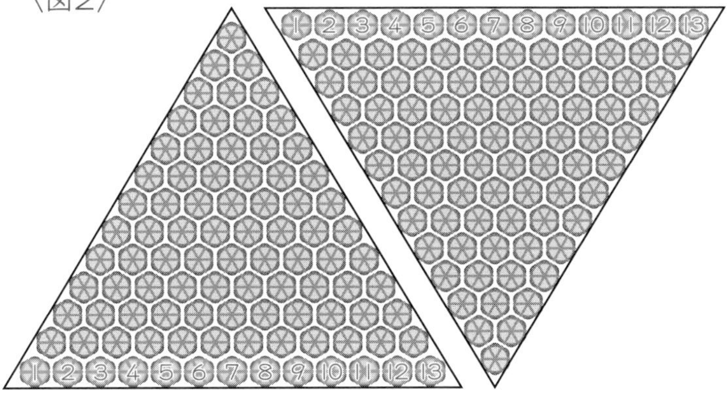

①図2のように，問題の米俵の山と同じ山をひっくり返して，横に並《なら》べます。合わせると，図3のように，平行四辺形になります。

〈図3〉

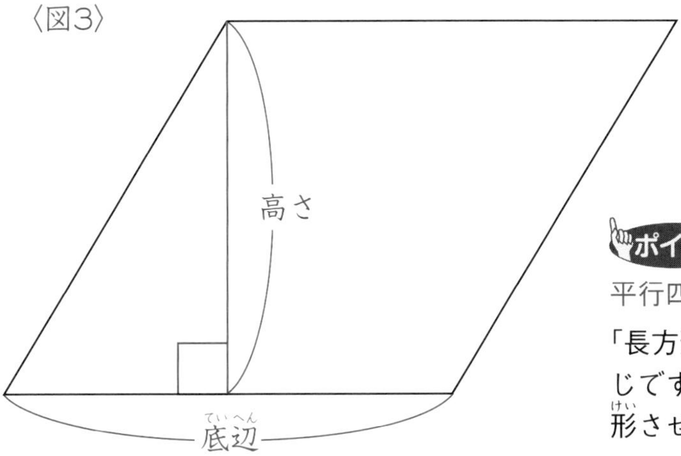

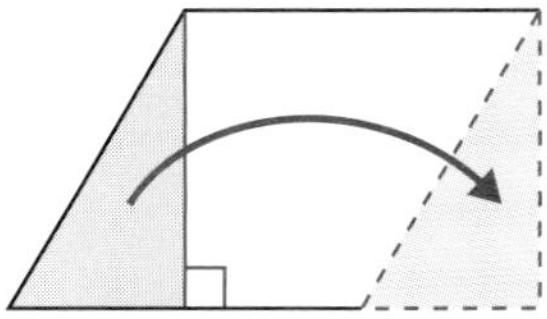

ポイント

平行四辺形の面積＝底辺×高さ

「長方形の面積＝縦《たて》×横」と考え方は同じです。上の図のように平行四辺形を変《へん》形《けい》させると，その理由がわかりますね。

②この平行四辺形の底辺は，山のいちばん下の段の俵の数に，ひっくり返した山のいちばん下の数 (ア　　　　) をたした (イ　　　　) になります。

③高さは，山の段の数になりますが，段の数を数える必要《ひつよう》はありません。

1段ごとに (ウ　　　　俵) ずつ減っていることから，高さはいちばん下の段の俵の数と同じ (エ　　　　段) になります。

④②と③をもとに，この平行四辺形の面積が表す俵の数を求めましょう。

式 (オ　　　　　　　　　　)　答え (カ　　　　俵)

⑤米俵の山は，この平行四辺形の面積が表す俵の数の半分です。米俵の山の数を求めましょう。

式 (キ　　　　　　　　　　)　答え (ク　　　　俵)

発展《はってん》問題1

いちばん下の段《だん》が30俵《ぴょう》で，積《つ》んだ段数が8段になっている米俵《こめだわら》は全部で何俵あるでしょう。

(出典《しゅってん》) 吉田光由《よしだみつよし》『塵劫記《じんこうき》』1627 (寛永《かんえい》4) 年：「俵杉算《たわらすぎざん》の事《こと》」

〈図1〉

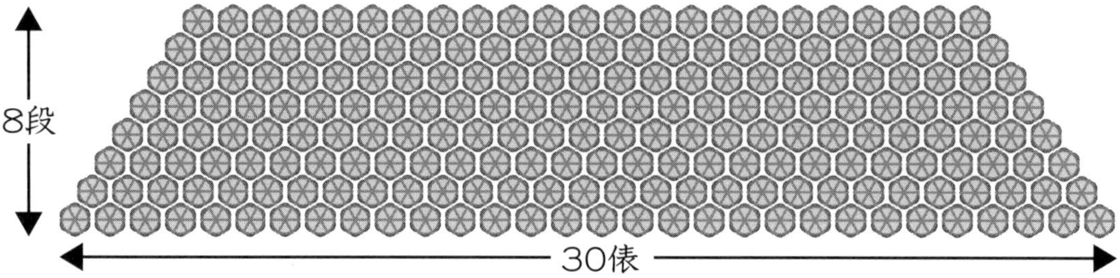

【考え方】(　　　)の中に当てはまる式や数を書きましょう。

①図1の米俵は，向かい合った1組の辺《へん》が平行な四角形，台形になっています。

いちばん上の段にある俵の数と，段数の関係《かんけい》を調べるために，俵の数が少ない例《れい》で練習してみましょう。

〈図2〉

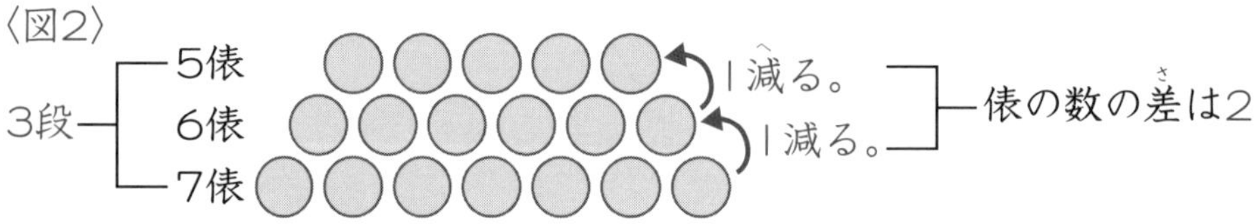

上の例では3段ある俵の，いちばん上といちばん下の俵の数の差が2で，段の数のほうが1多くなります。つまり，いちばん上の俵の数を求《もと》めるには，いちばん下の俵の数から段の数をひいた後で1をたせばいいのです。

式　7－3＋1＝5　　いちばん上の俵の数は5俵。

②では，この発展問題の，いちばん上の段にある俵の数を求めましょう。

式（ア　　　　　　　　　　　　）答え（イ　　　　俵）

③基本《きほん》問題と同様に，台形をひっくり返して横に並《なら》べ，平行四辺形を作ります。

〈図3〉

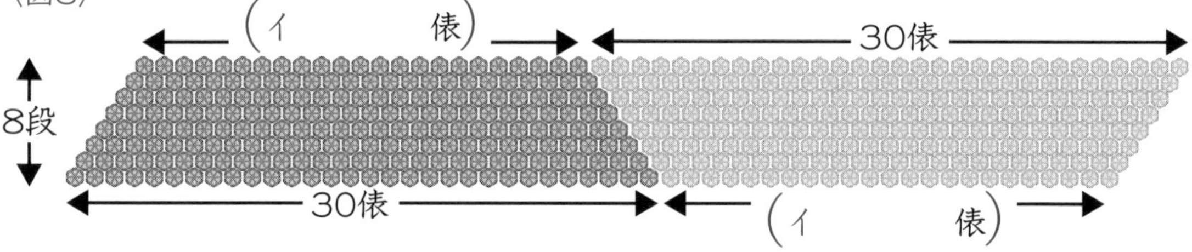

④図3をもとに，もとの台形の米俵の数を求めましょう。

式（ウ　　　　　　　　　　　　）

答え（エ　　　　俵）

発展問題2

いちばん下の段が18俵，いちばん上の段が8俵になっている米俵は，全部で何俵あるでしょう。

(出典) 吉田光由『塵劫記』1643(寛永20) 年:「俵杉算の事」

〈図1〉

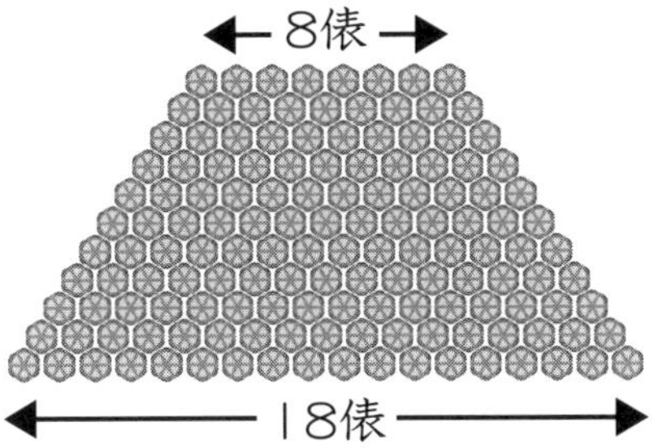

【考え方】(　　　　)の中に当てはまる式や数を書きましょう。

①下から上まで何段あるかを求めましょう。発展問題1の考え方の例で見ると，段の数はいちばん上の段といちばん下の段の俵の数の差より1多くなります。

式(ア　　　　　　　　　　　　　　　　)　答え(イ　　　　　段)

②発展問題1と同様に，台形をひっくり返して横に並べ，平行四辺形を作ります。

〈図2〉

(イ　　　　段)

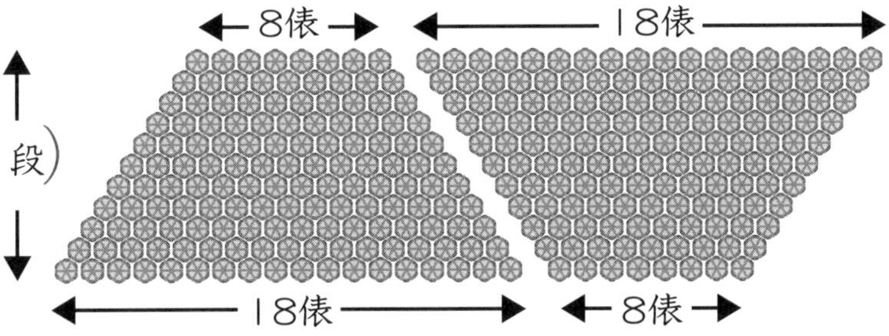

③図2をもとに，もとの台形の俵の数を求めましょう。

式(ウ　　　　　　　　　　　　　　　　　　　　　　　　　　)

答え(エ　　　　　俵)

まめちしき

米俵の重さはどのくらい？

江戸《えど》時代，米は「升《しょう》」「合《ごう》」などの「ます」で量《はか》り，かさの単位《たんい》で数えていました（25ページ・コラム1）。そして1石《こく》（10斗《と》）が，成人《せいじん》男子が1年間に食べる米の量《りょう》の目安とされていました。

しかし，「俵」はかさの単位ではなく，時代や地方によって，その大きさがちがいました。明治《めいじ》時代になって4斗（0.4石）で1俵と定められ，現在《げんざい》では1俵は重さ60kg に統一《とういつ》されています。

11 セットのなべの，ひとつだけの値段《ねだん》は？

入《い》れ子《こ》算《ざん》

基本《きほん》問題

1合《ごう》から8合まで，1合刻《きざ》みのなべが8個《こ》あります。全部買ったら4320円のとき，1合なべ1個はいくらでしょう。なお，図1のように，2合なべは1合なべの2倍，3合なべは3倍，8合なべは8倍と，順《じゅん》に値段が高くなります。

（原案《げんあん》）吉田光由《よしだみつよし》『塵劫記《じんこうき》』1627（寛永《かんえい》4）年：「入れ子算の事《こと》」

〈図1〉

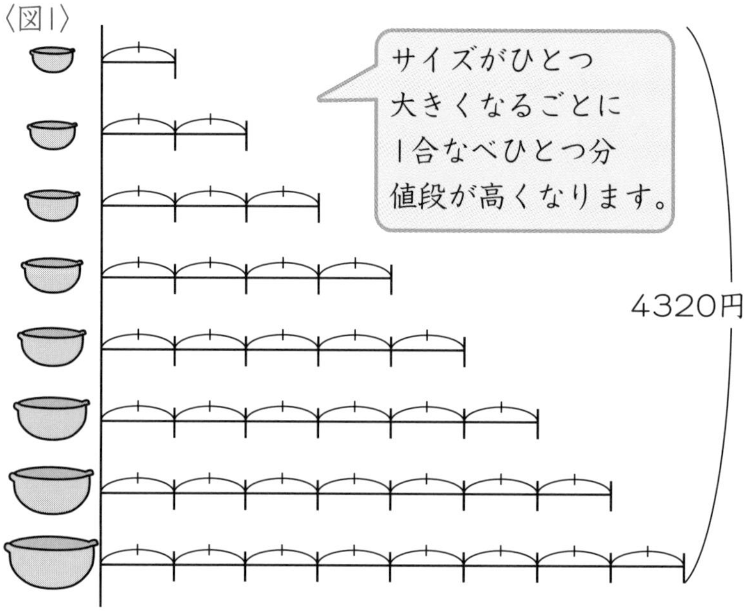

まめちしき

「入れ子なべ」って何？

上の絵のように，同じ形をした，大きさのちがうなべを組み合わせたものです。大きいなべの中に小さいなべを入れられるため，収納《しゅうのう》に便利《べんり》です。

【考え方】（　　　）の中に当てはまる式や数を書きましょう。

①1合なべから8合なべまで，なべの合数をすべてたしましょう。俵杉算《たわらすぎざん》を使うと計算がしやすくなります。

式（ア　　　　　　　　　　　　　　　　　　）

答え（イ　　　　　合）

②なべ8個の合計金額《きんがく》4320円を，①の答えでわると，1合なべの値段がわかります。計算しましょう。

式（ウ　　　　　　　　　　　　）答え（エ　　　　円）

③②の答えをもとに，1合なべの値段を2倍，3倍にしていけば，それぞれのなべの値段も計算できます。

発展《はってん》問題1

7つ入れ子のなべを買うとき，合計は2万1000円になります。図1のように，いちばん大きなサイズから順に，値段は600円ずつ下がります。それぞれのなべの値段は，いくらでしょう。

（原案）吉田光由『塵劫記』1631（寛永8）年:「入れ子算の事」

〈図1〉

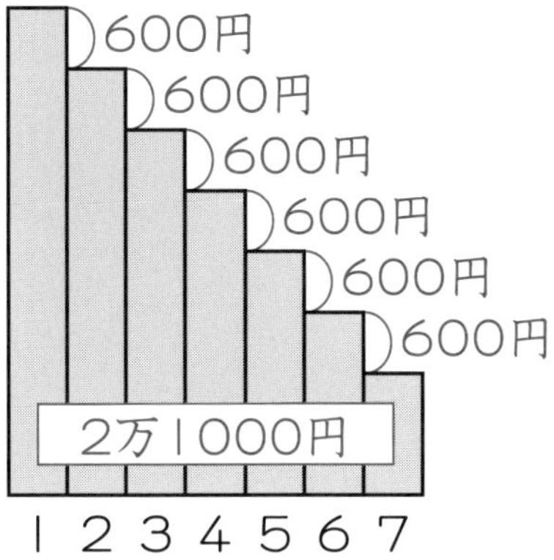

〈図2〉

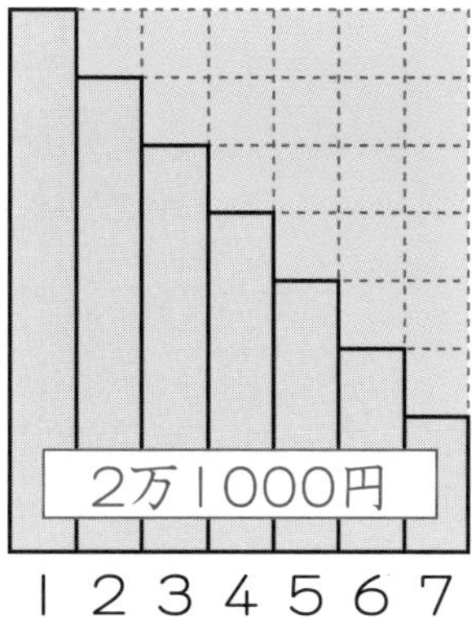

【考え方】（　　　）の中に当てはまる式や数を書きましょう。

①この問題では最初《さいしょ》に，いちばん大きななべを7つ買ったときの値段を考えます。その値段は図2の赤い部分も合わせた長方形になります。赤い部分には点線で囲《かこ》まれたブロックがいくつあるかを求《もと》めましょう。

式（ア　　　　　）　答え（イ　　　　個）

②ブロックは1個600円です。①をもとに，赤い部分の金額を求めましょう。

式（ウ　　　　　）　答え（エ　　　　円）

③②をもとに，図2の赤い部分も合わせた長方形が表す値段を求めましょう。

式（オ　　　　　）

答え（カ　　　　円）

④③の答えを7でわれば，いちばん大きななべの値段がわかります。あわせて，ほかのなべの値段も求めましょう。

式（キ　　　　　）

答え　いちばん大きななべ（ク　　　　円）

2番目（ケ　　　　円）　3番目（コ　　　　円）

4番目（サ　　　　円）　5番目（シ　　　　円）

6番目（ス　　　　円）　7番目（セ　　　　円）

発展問題《はってん》2

7つの入れ子なべがあります。3番目のなべの値段《ねだん》は銀で56匁《もんめ》，6番目は86匁になっています。それぞれのなべの値段の差《さ》が同じとき，7つのなべの値段はそれぞれいくらでしょう。

（出典《しゅってん》）千葉胤秀《ちばたねひで》『算法新書《さんぽうしんしょ》』1830（文政《ぶんせい》13）年：「差分《さぶん》」

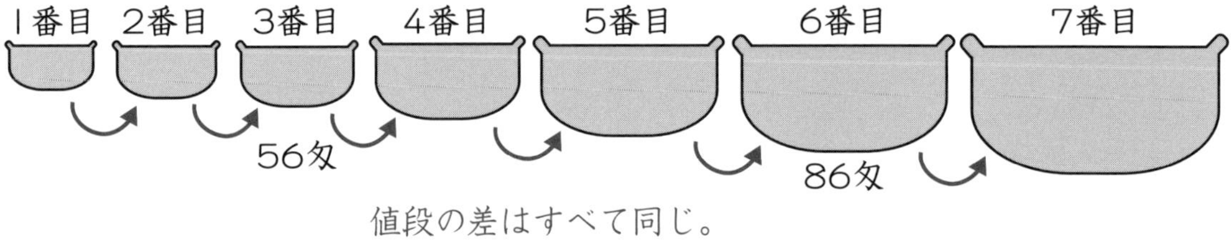

【考え方】（　　　）の中に当てはまる式や数を書きましょう。

①最初《さいしょ》に，なべごとの値段の差を求《もと》めます。6番目と3番目，ふたつのなべの値段の差を求めしょう。

式（ア　　　　　　　　　　　　　　　　）　答え（イ　　　　匁）

②6番目と3番目の大きさの差は（ウ　　　　　）です。①をもとに，ひとつずつのなべの値段の差を求めましょう。

式（エ　　　　　　　　　　　　　　　　）　答え（オ　　　　匁）

③②の答えをもとに，すべてのなべの値段を求めましょう。

答え　1番目（カ　　　　匁）　2番目（キ　　　　匁）

4番目（ク　　　　匁）　5番目（ケ　　　　匁）

7番目（コ　　　　匁）

まめちしき

なべをかついで売り歩いたなべ屋さん

右の絵は，江戸《えど》時代のなべ売りの姿《すがた》をえがいたもの。商品を入れ子にして，てんびん棒《ぼう》でかついでいます。なべはバラ売りで，お客は買いたいサイズだけ買えました。

絵の右上には「なべうり」と書いてあり，続《つづ》けて「播磨《はりま》なべを買いたい人は，おっしゃってください」とあります。「播磨なべ」は，播磨国《はりまのくに》（現在《げんざい》の兵庫《ひょうご》県の南西部）の特産《とくさん》だった銅製《どうせい》のなべのこと。熱《ねつ》が伝《つた》わりやすく，人気がありました。

最後には「つるも付けて差し上げましょう」とあります。持ち手のつるは，あとから取り付けるサービスでした。

●菱川師宣《ひしかわもろのぶ》・画《が》『和国諸職《わこくしょしょく》絵《え》つくし』1685（貞享《じょうきょう》2）年：「なべうり」＊

＊国立国会図書館デジタルコレクション https://dl.ndl.go.jp/pid/2541161を加工して作成。

コラム3

江戸《えど》時代のお金の価値《かち》と食べ物の値段《ねだん》

江戸時代は約《やく》260年と長く続いたため，お金の価値は時期によっても変《か》わりますが，米の値段から計算すると，金1両《りょう》の価値は，江戸初期で10万円前後，中～後期で4万～6万円，末期《まっき》で約4000円～1万円ほどになるそうです（参考：貨幣博物館《かへいはくぶつかん》ウェブサイト）。

右の絵は，喜多川守貞《きたがわもりさだ》という人が江戸時代末期の暮《く》らしや習慣《しゅうかん》について書いた本『守貞謾稿《もりさだまんこう》』（1837〈天保《てんぽう》8〉年成立）にえがいた江戸のにぎりずしです。当時の江戸ではにぎりずしがはやっていたことや，にぎりずしの内容《ないよう》と値段などがくわしく書かれています。

上から玉子，玉子巻《ま》き（ご飯《はん》にのりを混《ま》ぜ，かんぴょうを入れる），のり巻き（かんぴょうを巻きこむ），のり巻きの拡大図《かくだいず》，アナゴ（甘煮《あまに》），白魚《しらうお》（かんぴょうで結《むす》ぶ），さし身（マグロ），コハダ（マグロとコハダはわさび入り）で，玉子巻きがいちばん高くて16文《もん》，ほかは8文でした。

江戸のそば屋では，かけそばとかけうどんが16文。具をのせたものでは，ちぎった焼《や》きのりを散《ち》らした「花まき」や，貝柱をのせた「あられ」が24文。天ぷらや玉子とじは32文になっています。

屋台の天ぷらは1くし4文で，ゆで玉子は1個《こ》が20文。江戸時代，玉子はとても高級な食材《しょくざい》でした。

ところで，上の料金《りょうきん》はすべて4の倍数ですね。銅貨《どうか》の寛永通宝《かんえいつうほう》はもともと一文銭《いちもんせん》だけでしたが，1768（明和《めいわ》5）年から四文銭《しもんせん》も加《くわ》えられました。少し大型《おおがた》で，裏《うら》に波の模様《もよう》があります。そばやうどんなどの代金を小銭《こぜに》ではらうときには，この四文銭がよく使われていたのです。

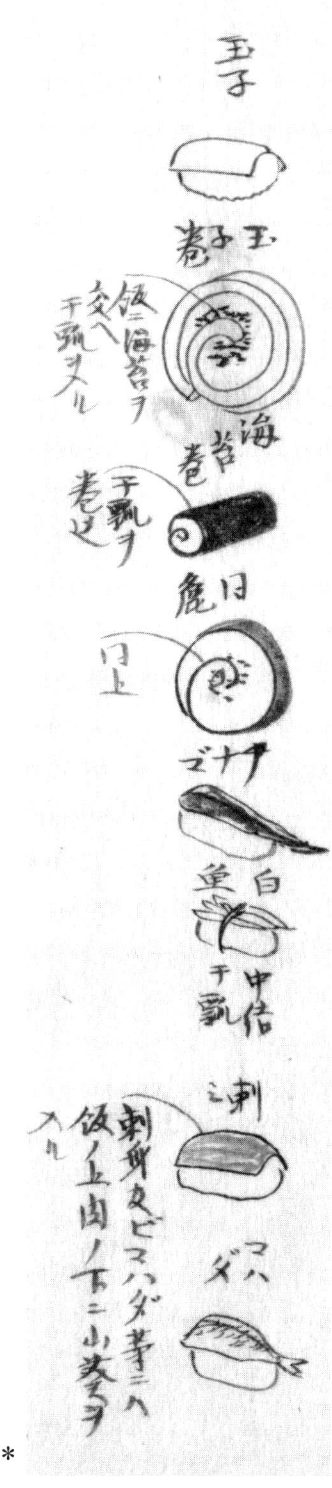

●『守貞謾稿』後集「鮓《すし》」＊

＊国立国会図書館デジタルコレクション https://dl.ndl.go.jp/pid/2592417 を加工して作成。

12 サイズちがいのますをうまく使おう！
油《あぶら》分《わ》け算《ざん》

基本《きほん》問題1　最初《さいしょ》に，やさしい問題で練習しましょう。

5Lの油が入った容器《ようき》Aと，3L入る容器B，2L入る容器Cがあります。BとCを使ってAの油を移《うつ》しかえ，1Lと4Lに分けましょう。

【考え方】①〜③の手順《てじゅん》の通りに，移しかえた油のかさに色をぬりましょう。

◎Aには5Lの油が入っています。

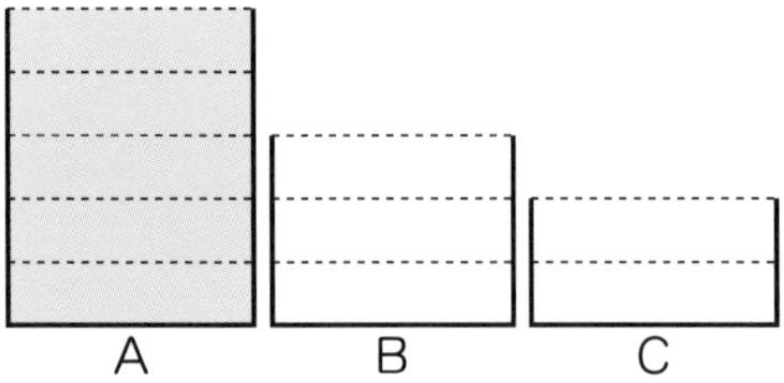

①AからBに3L移します。

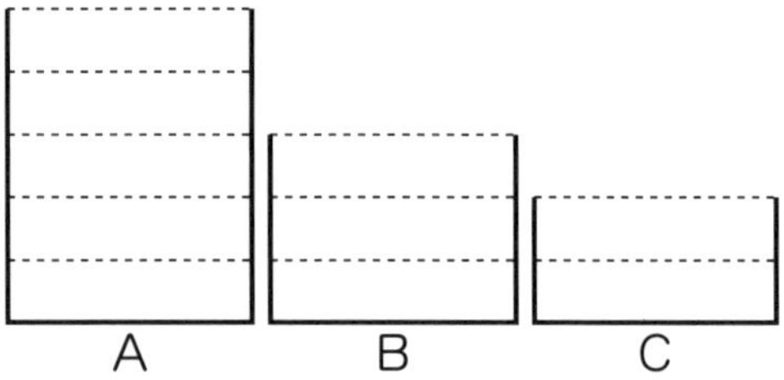

②BからCに2L移します。

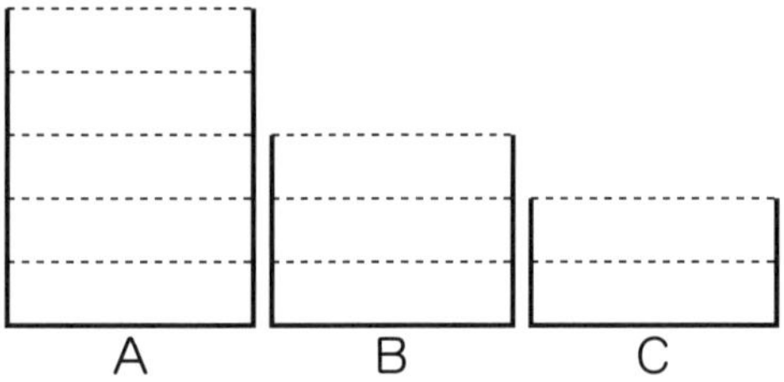

③CからAに2L移します。

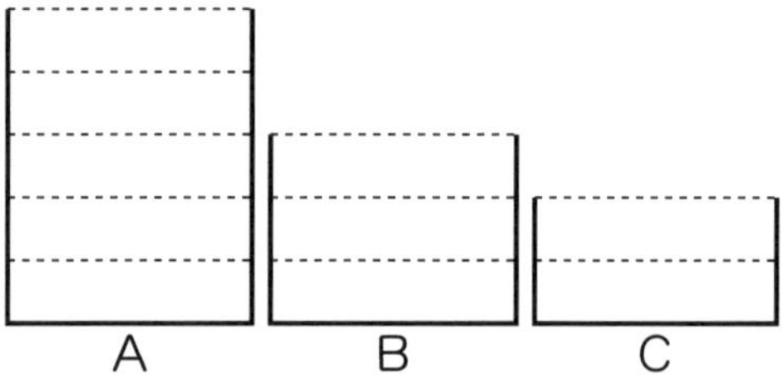

まめちしき

油分け算はワイン分け算だった!?

和算の問題には，つるかめ算のように中国から伝《つた》えられたものがいくつもありました。ところが油分け算は，中国の古い本にも見当たりません。

一方，ヨーロッパでは古くから同じような問題があり，油分け算はヨーロッパで誕生《たんじょう》したものと考えられています。ただし，移す液《えき》体《たい》は油ではなくワインでした。使う容器もますではなく，たるや花びんなどで，移す液体の割合《わりあい》も日本の問題とは異《こと》なります。

江戸《えど》時代をむかえる少し前，ポルトガルやスペインの南ばん船が日本にやって来て，南ばん文化を伝えたときに，ワイン分けの問題も伝わったと考えられています。『塵劫記《じんこうき》』をまとめた吉田光由《よしだみつよし》は，それをヒントにしてオリジナルの油分け算を考え出したのかもしれません。

このあとの基本問題2は『塵劫記』のもの，発展《はってん》問題は1612年にフランスで出された本に出てくる問題をもとにしています。

基本問題2

油が1升《しょう》（＝10合《ごう》）入っている1升ますがあります。この1升ますと，3合ます，7合ますを使い，移しかえを9回くり返して，5合ずつに分けます。

下の㋐～㋗の移しかえを，正しい順番に並《なら》べましょう。

（原案《げんあん》）吉田光由『塵劫記』1634（寛永《かんえい》11）年：「あぶら量《はか》り分《わ》ける事《こと》」

◎スタート　　　　　　◎9回目：ゴール！

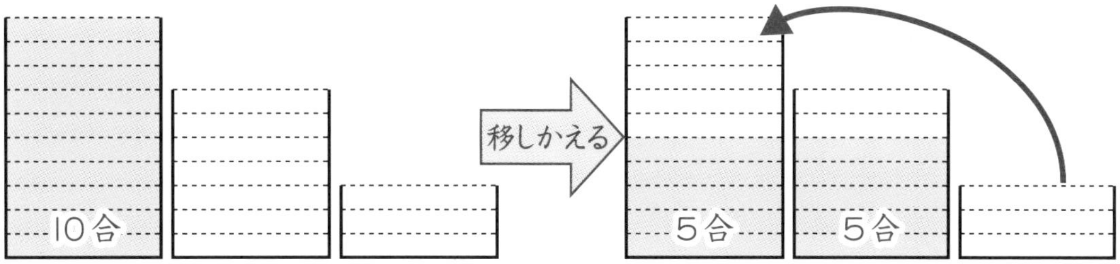

答え（1回目：　　2回目：　　3回目：　　4回目：
5回目：　　6回目：　　7回目：　　8回目：　）

㋐
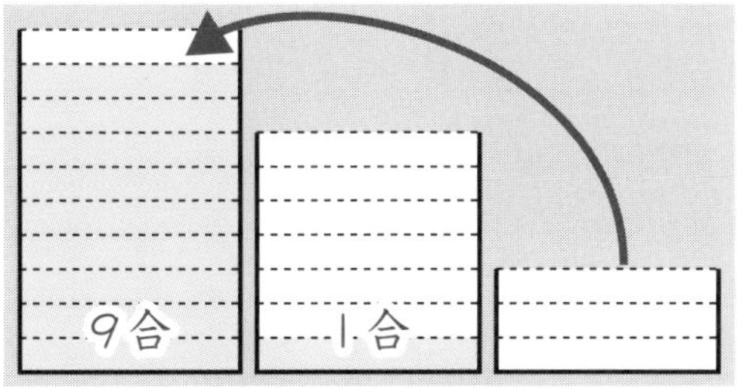

㋑
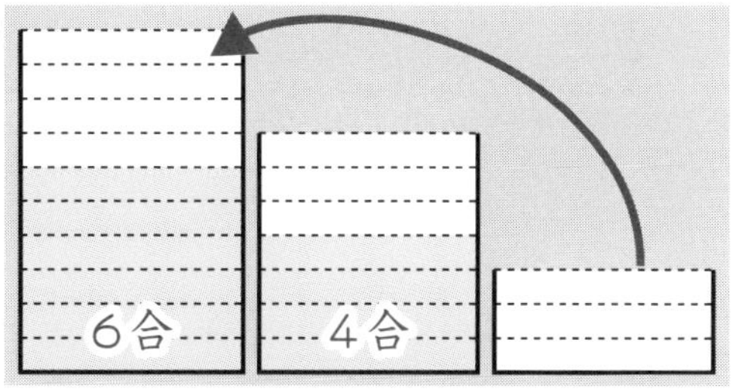

㋒
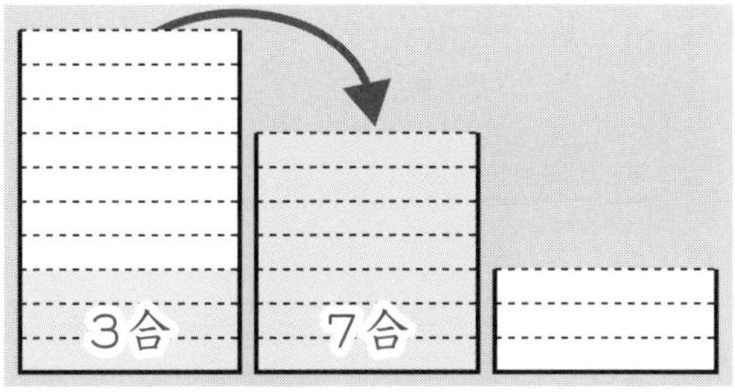

㋓
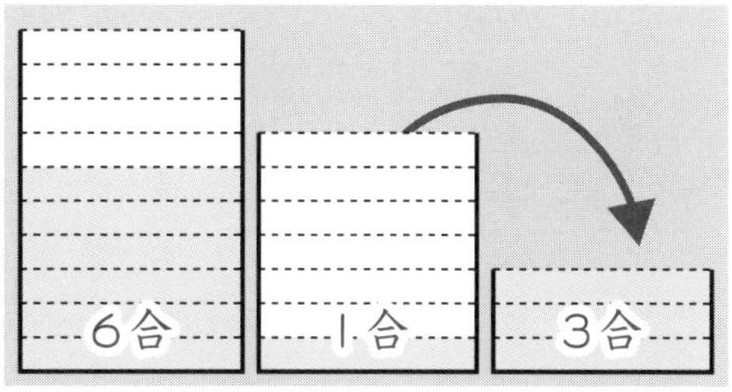

㋔
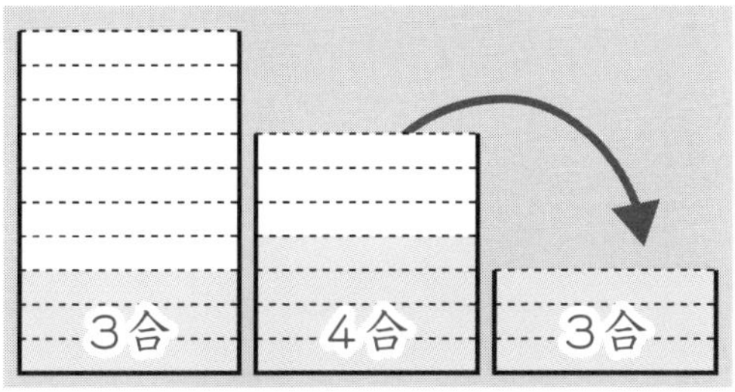

㋕
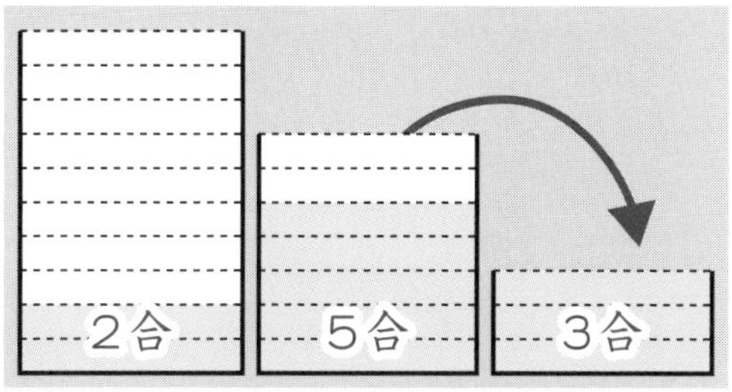

㋖
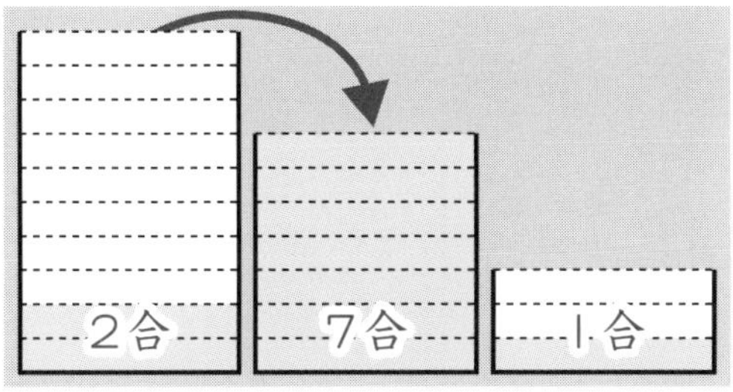

㋗
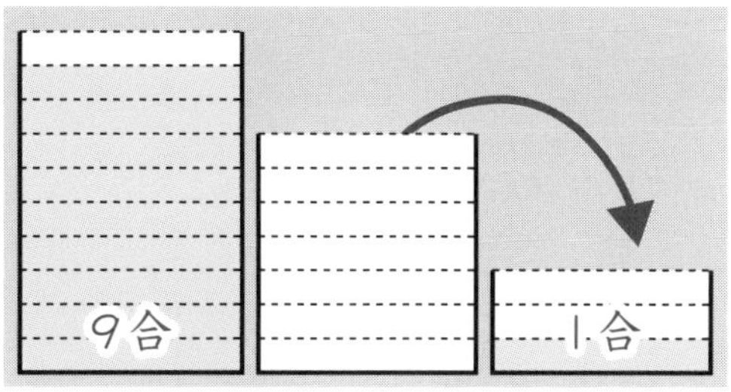

◎1回目に使うますを変《か》えて，10回で分ける方法《ほうほう》もあります。考えてみましょう。

発展問題《はってん》

8Lのたるに，ワインが8L入っています。8L，5L，3Lのたるを使って，4Lずつに分けましょう。分け方はふた通りあり，手順《てじゅん》は7回と8回です。下の図に，どこからどこへ移《うつ》すのか矢印《やじるし》を入れ，移す量《りょう》を右上に書き，たるにある量に色をぬりましょう。

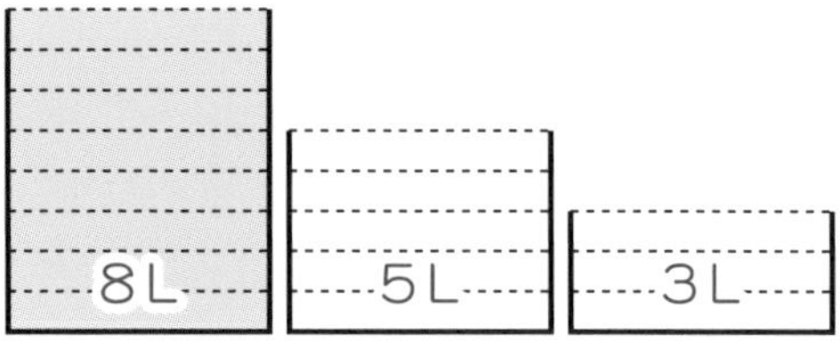

(出典《しゅってん》) クロード＝ガスパール・バシェ『楽しくて面白《おもしろ》い数の問題』1612年

【分け方1】初《はじ》めに3L分ける方法《ほうほう》→手順は8回

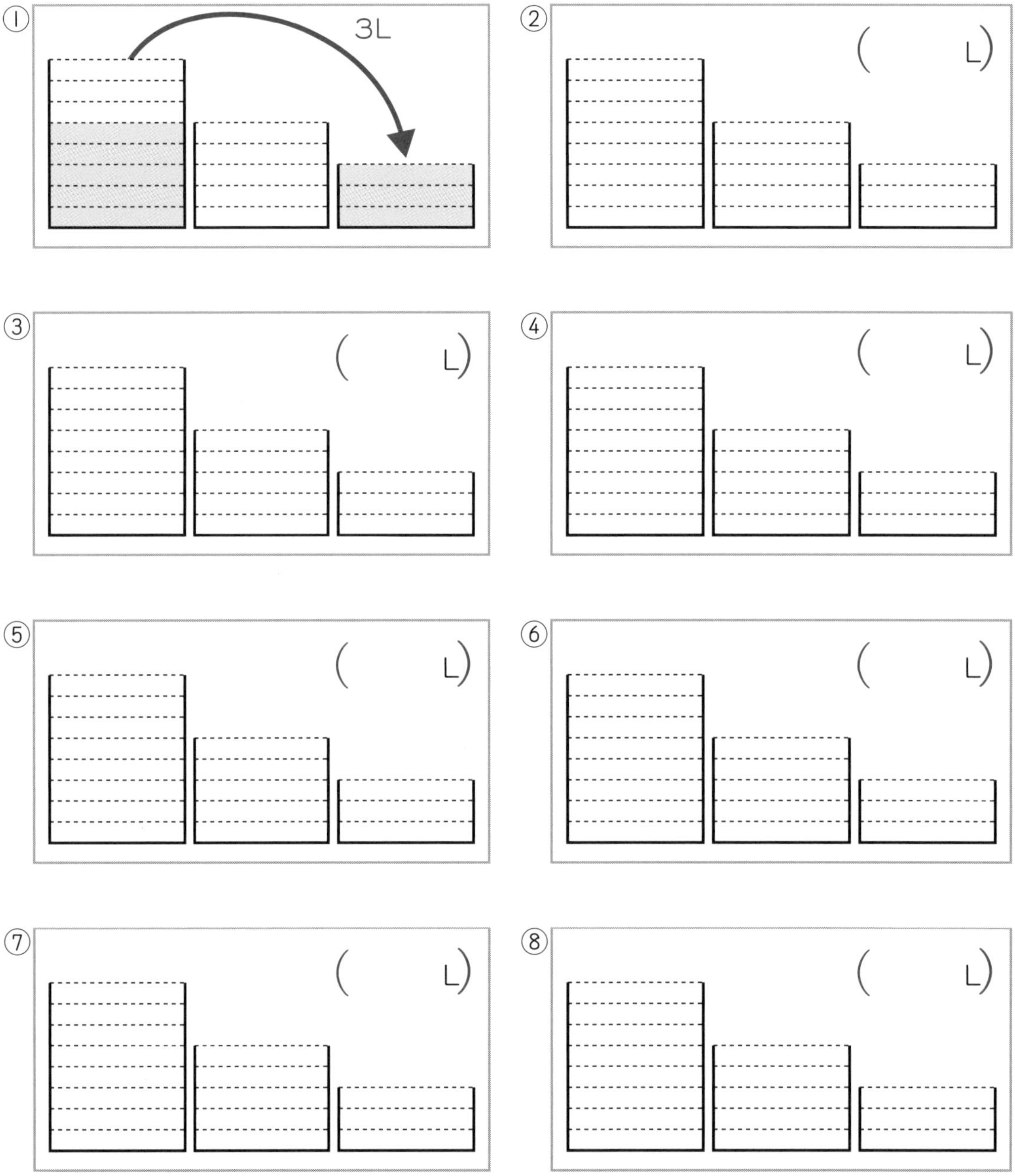

【分け方2】初めに5L分ける方法→手順は7回

①
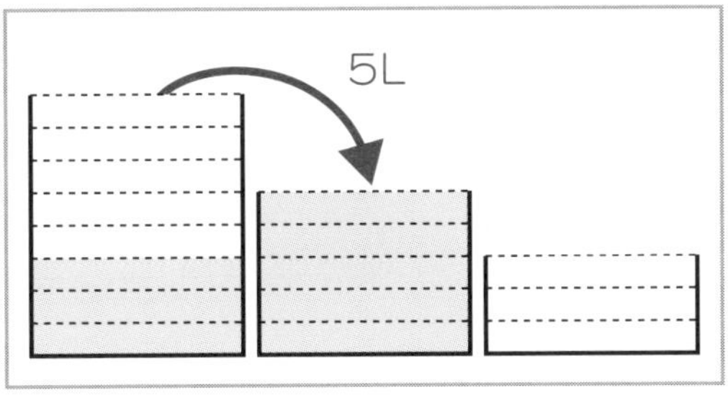

②
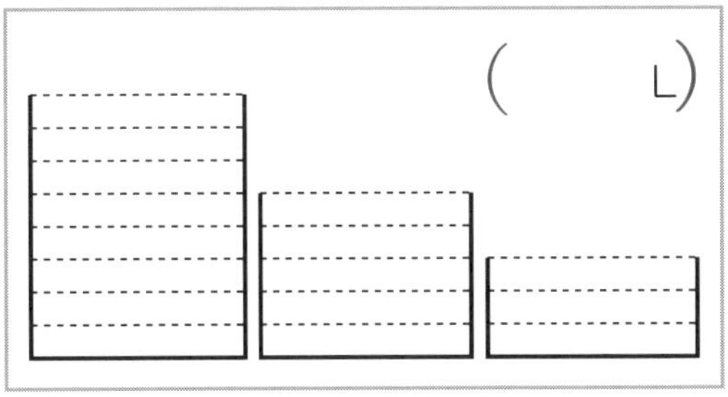

③
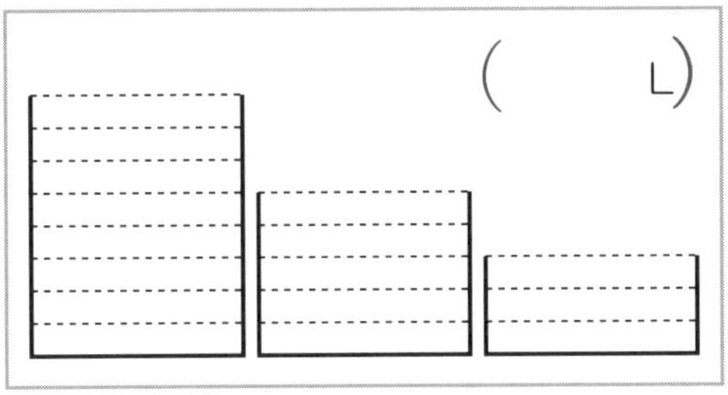

④
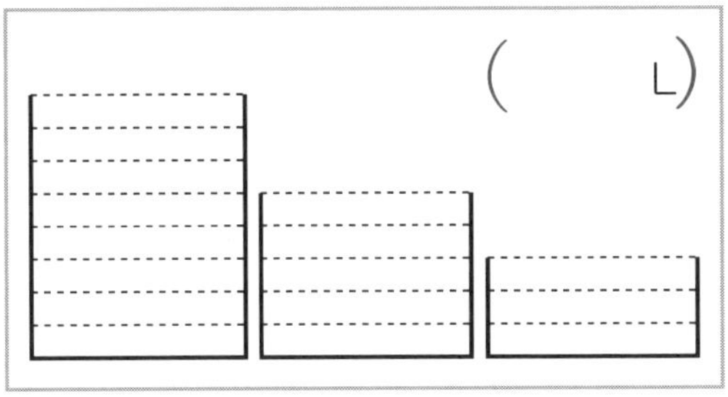

⑤
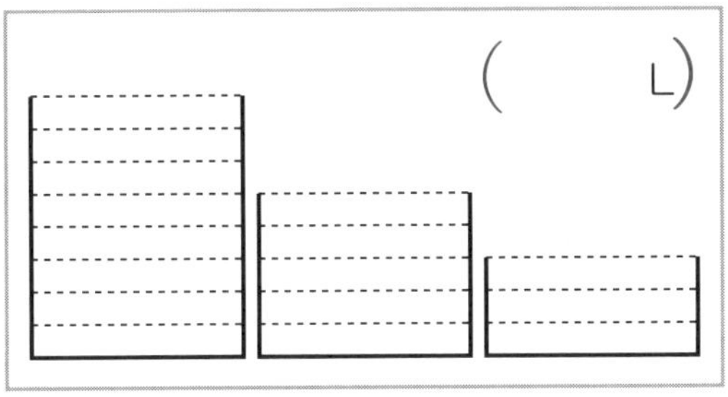

⑥
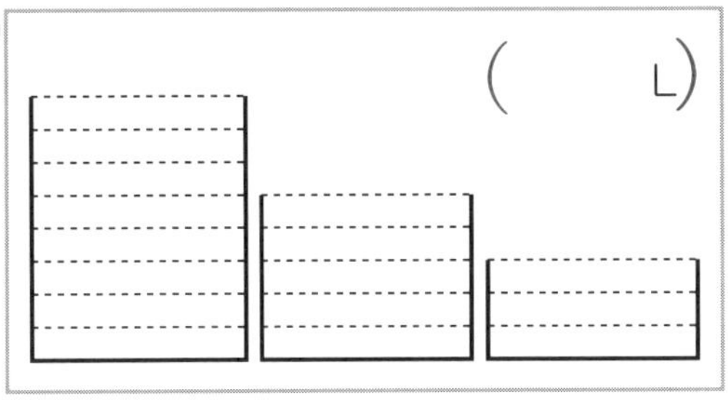

⑦
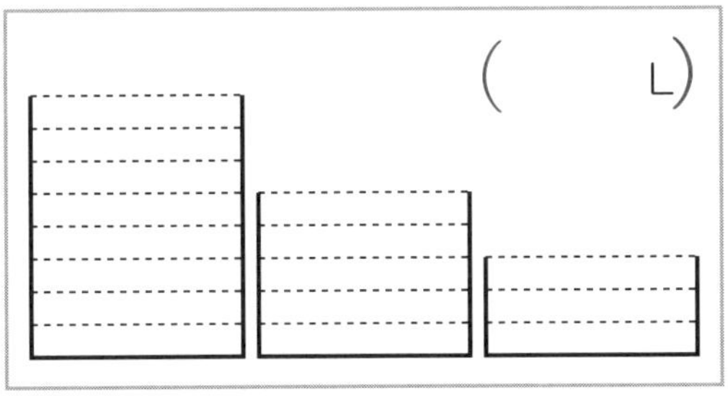

まめちしき

江戸《えど》時代の油屋さんは実際《じっさい》にますを使って分けていた

電気がまだ発明されていなかった江戸時代では，夜になると油に火をともして明かりを取っていました。油は菜《な》の花《はな》の種《たね》などをしぼって作りました。

右の絵は油屋さんの店先をえがいたものです。絵の左には大型《おおがた》の油しぼり機《き》があり，大きな木の重しをのせて油をしぼり出しています。右の人は，ひしゃくとます，じょうご（ろうと）を使って，油を大きな入れ物から小さな入れ物に移しています。

●『諸商売改算《しょしょうばいかいさん》智恵《ちえ》車大全《ぐるまたいぜん》』1792（寛政《かんせい》4）年：「油屋《あぶらや》種買廻《たねかいまわ》しさん用《よう》」*

＊著者蔵

13 7枚《まい》の色板で17種類《しゅるい》の形を作ろう！

裁《た》ち合《あ》わせ②

問題

図1のような「清少納言《せいしょうなごん》 知恵《ちえ》の板」という，7枚の色板があります。この7枚を組み合わせて，いろいろな形を作りましょう。

（出典《しゅってん》）『雑芸叢書《ざつげいそうしょ》』1915（大正《たいしょう》4）年：「清少納言 知恵の板」

◎81ページにある付録《ふろく》の色板を使います。色板を裏返《うらがえ》しにせずに形を作りましょう。

〈図1〉

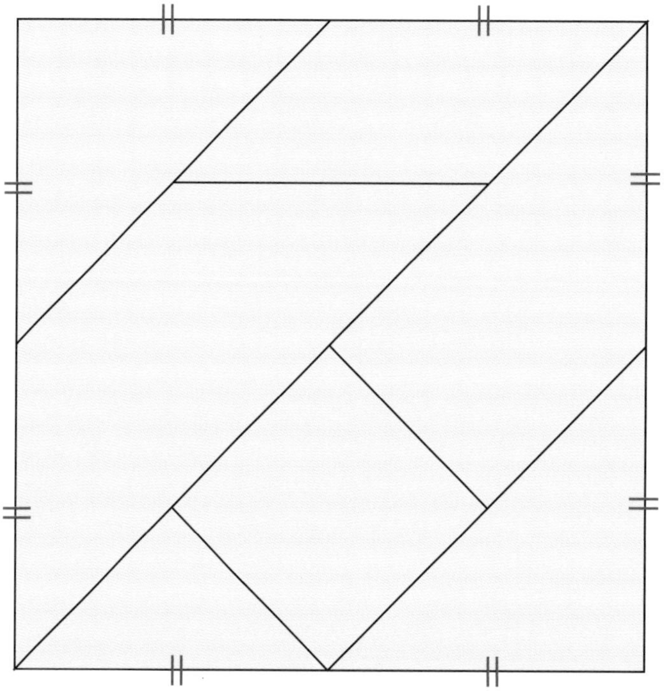

まめちしき

「清少納言 知恵の板」って何？

江戸《えど》時代中期の1742（寛保《かんぽう》2）年に出された本の名前です。「清少納言」は平安《へいあん》時代に『枕草子《まくらのそうし》』という有名な本を書いた女性《じょせい》の作家の名前ですが，「知恵の板」の作者はわかりません。

この7枚のパズルはたいへん人気になったようで，翌年《よくねん》に出された中根彦循《なかねげんじゅん》『勘者御伽《かんじゃおとぎ》双紙《ぞうし》』では，負けじと6枚の色板パズルをしょうかいしています。それが「1 裁ち合わせ①」（6ページ）の色板パズルです。

『雑芸叢書』では，「知恵の板」で作れる形を42種類もけいさいしています。たった7枚の板で，これほどたくさんの生き物や品物などが作れるなんて，おどろきですね。

ここでは，7枚の色板の表だけを使って作れる形を17種類しょうかいします。

1 短《たん》冊《ざく》

2 くぎぬき

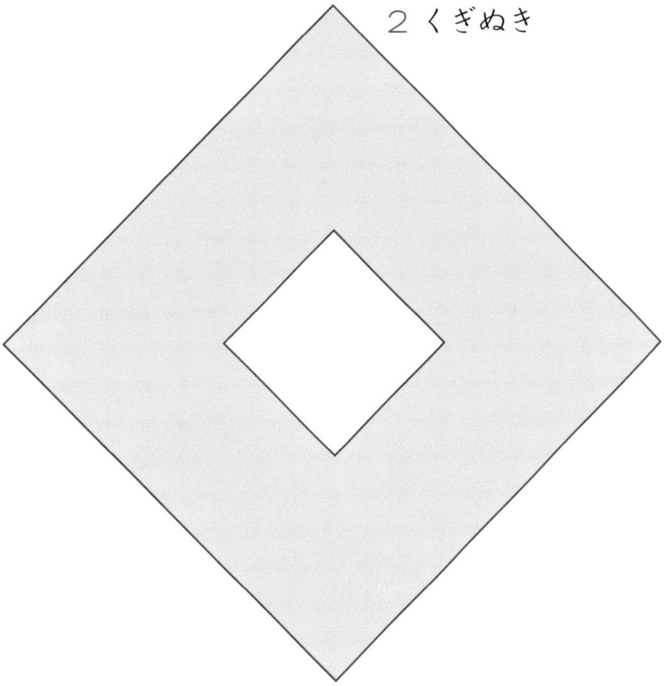

3 包《ほう》丁《ちょう》

4 歌がるた

5 こし板（はかまごし）

6 やかた船

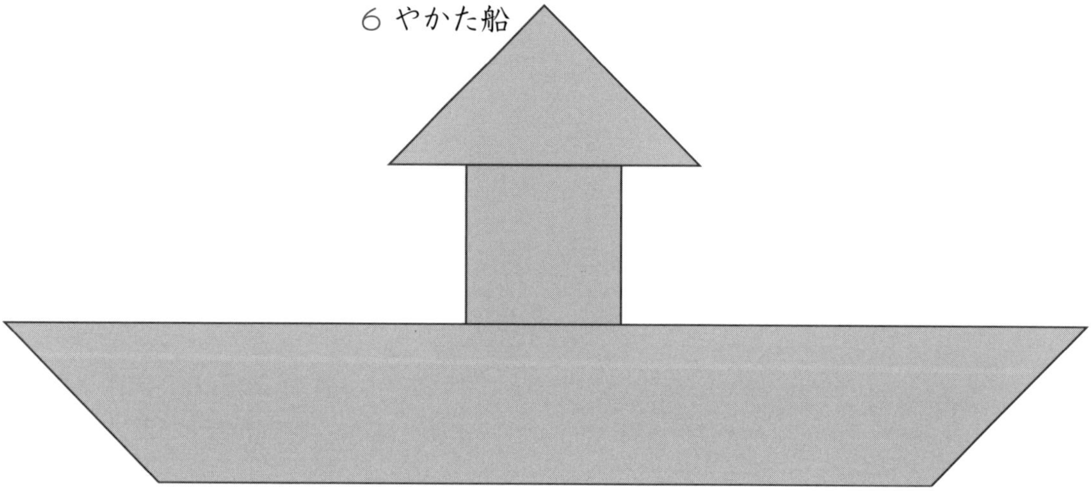

7 あんどん

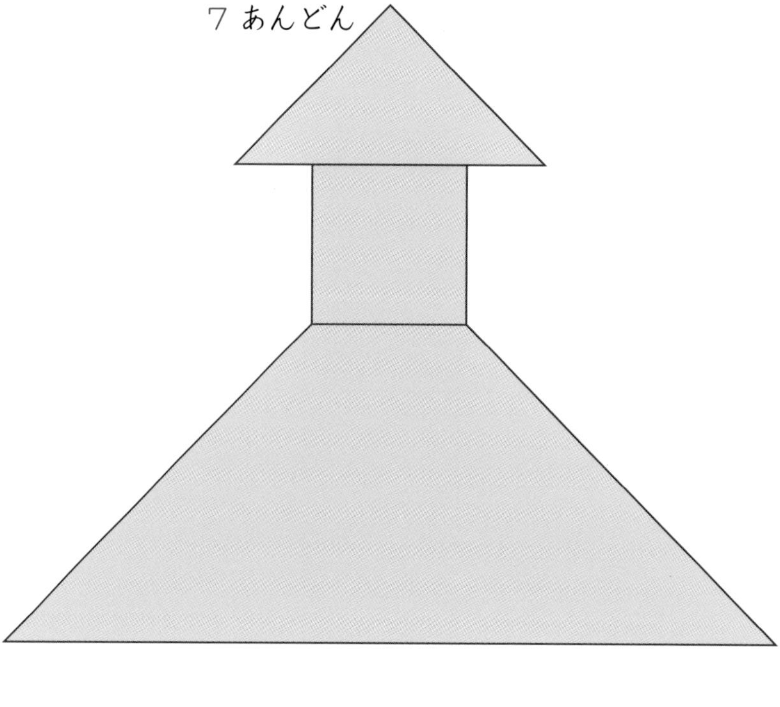

8 矢《や》羽《ばね》

9 石どうろう

10 ほおずき

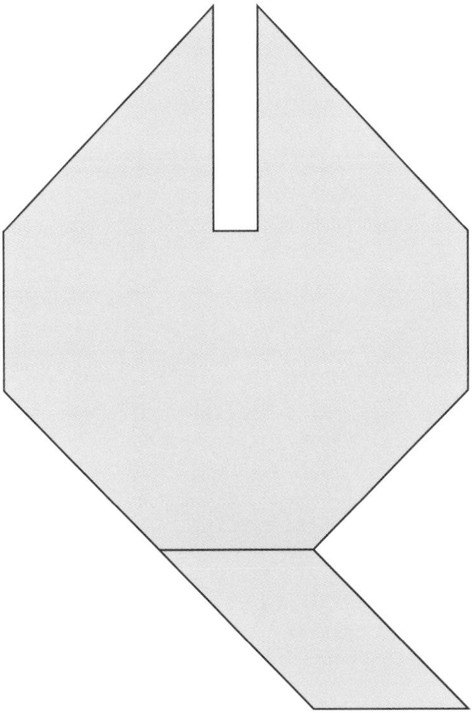

11 八角かがみ

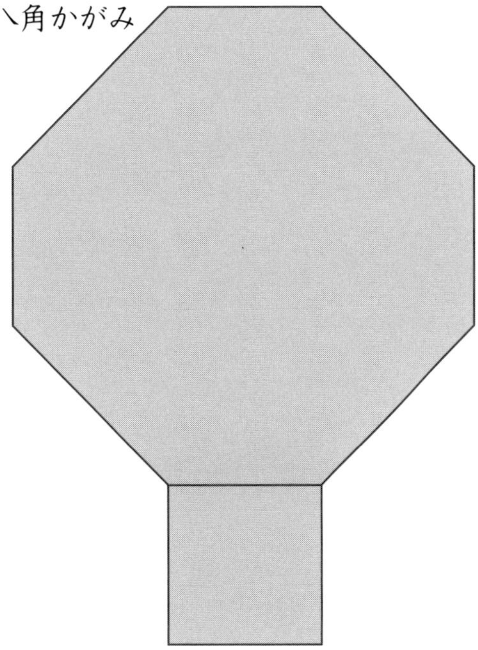

12 切《き》り籠《こ》

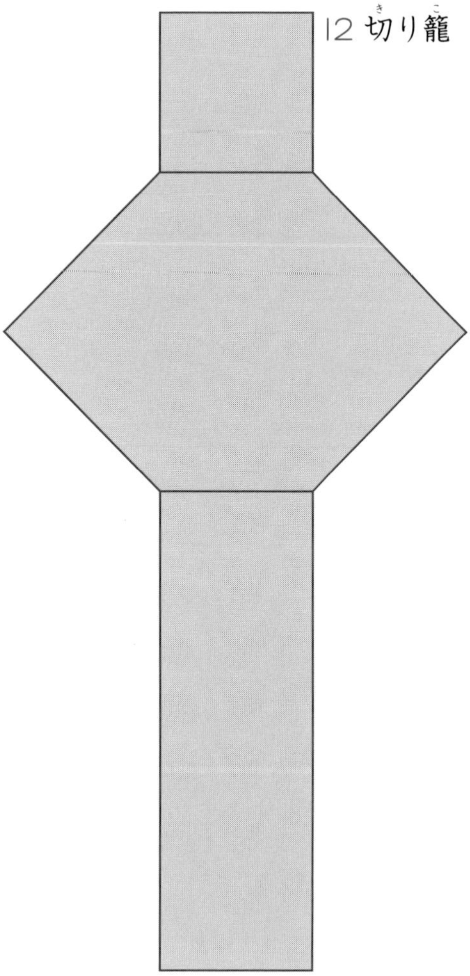

13 はすの花

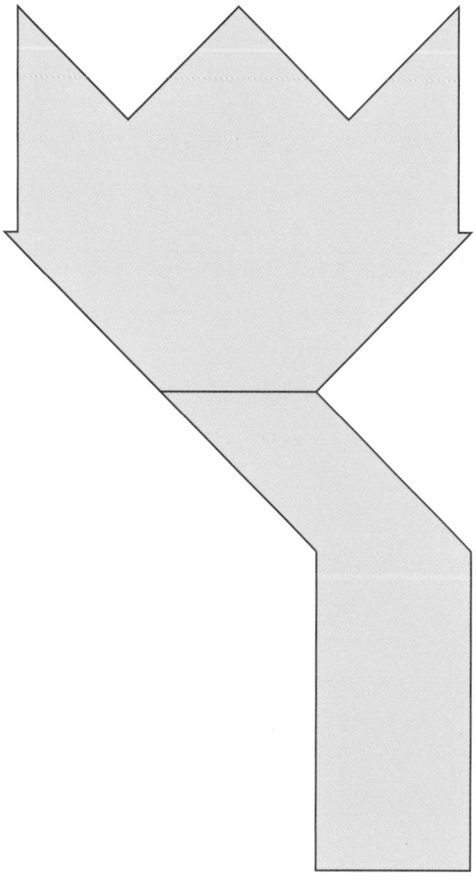

14 鯛《たい》

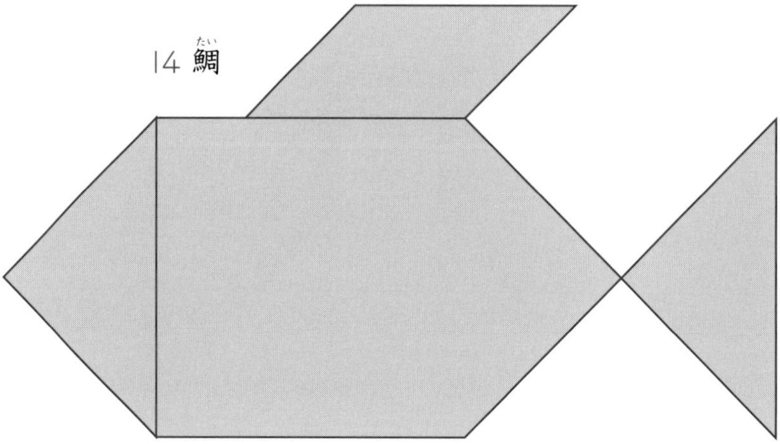

15 はけ

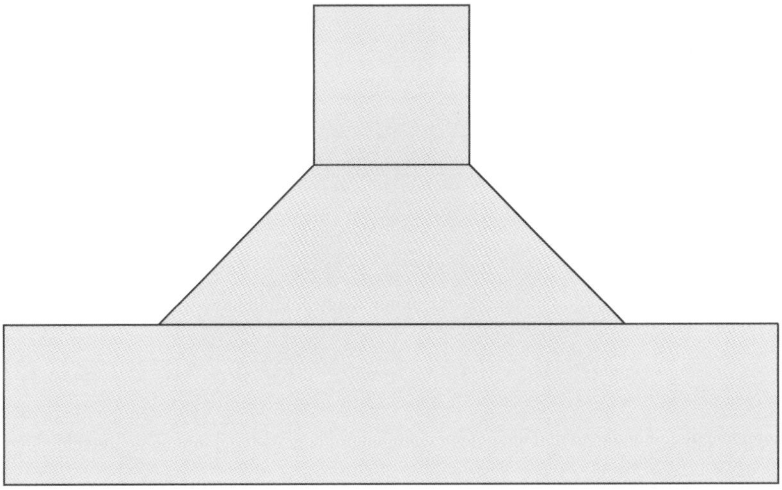

16 紙船

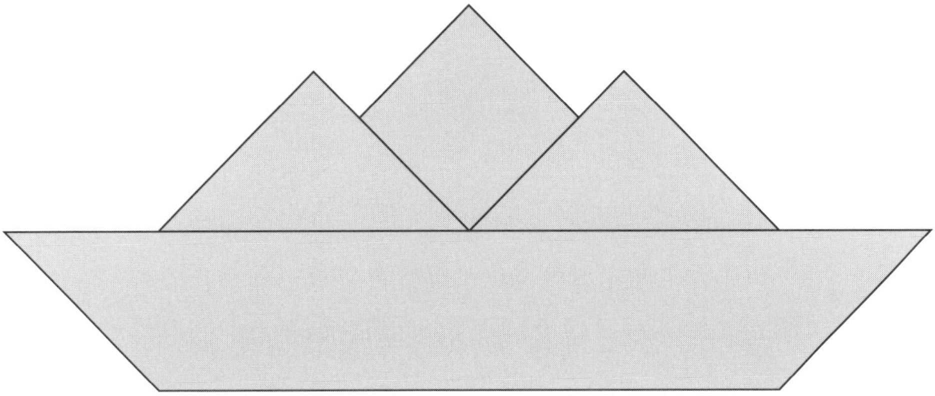

17 富士山《ふじさん》

14 短針《たんしん》と長針の進み方を比《くら》べよう！

時《と》計《けい》算《ざん》

基本《きほん》問題1

1日（24時間）に5分早く進む時計があります。昨日《きのう》の正午（12時）に時刻《じこく》を合わせました。今，午前8時です。時計はどれだけ早く進んでいるでしょう。

（出典《しゅってん》）福田理軒《ふくだりけん》『明治小学塵劫記《めいじしょうがくじんこうき》』1878（明治《めいじ》11）年：「日時《ひとき》の算《さん》」

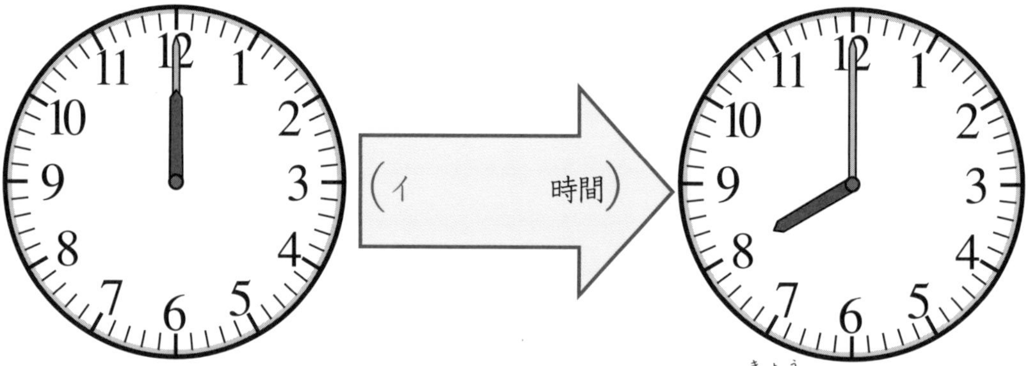

昨日の12時　　　今日《きょう》の午前8時

【考え方】（　　　　）の中に当てはまる式や数を書きましょう。

①昨日の正午（12時）から今日の午前8時まで何時間あるか，計算しましょう。

式（ア　　　　　　　　　　　　　　　）　答え（イ　　　　時間）

②1日（24時間）に5分進む時計は，1時間に何秒早く進むのかを求《もと》めましょう。5分を秒になおして計算しましょう。

式（ウ　　　　　　　　　　　　　　　　　　　　　）

答え（エ　　　　　秒）

③①と②をもとに，この時計がどれだけ早く進んだのかを求めましょう。答えは○分○秒で答えましょう。

式（オ　　　　　　　　　　　　　　　　　　　　　）

答え（カ　　　　分　　　　秒）

基本問題2

1日に12分進む時計があります。午後8時に針《はり》を合わせて，明日の午前11時に，ちょうど時刻が合うようにするとき，8時を何時何分何秒にすればよいでしょう。

（出典）福田理軒『明治小学塵劫記』1878（明治11）年：「復習題《ふくしゅうだい》」

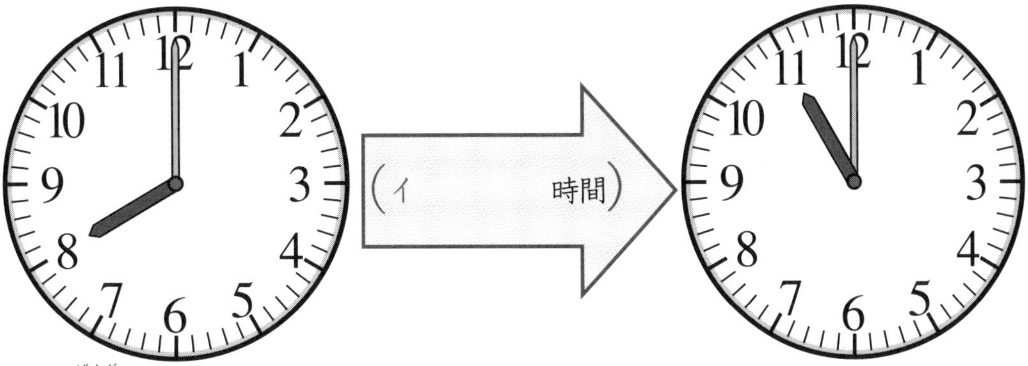

現在《げんざい》，午後8時　　　明日の午前11時

【考え方】（　　　）の中に当てはまる式や数を書きましょう。

①今日の午後8時から明日の午前11時まで何時間あるか，計算しましょう。

式（ア　　　　　　　　）　答え（イ　　　時間）

②1日（24時間）に12分進む時計は，1時間に何秒早く進むのかを求めましょう。
12分を秒になおして計算しましょう。

式（ウ　　　　　　　　）

答え（エ　　　秒）

③②をもとに，この時計が（イ　　　時間）に何分何秒進むのかを求めましょう。

式（オ　　　　　　　　）

答え（カ　　　分　　　秒）

④8時を何時何分何秒にするとよいでしょう。

答え（キ　　　時　　　分　　　秒）

まめちしき

1日＝24時間と定められたのは明治時代！

江戸《えど》時代は1日を昼と夜に分け，それぞれを6等分して時間を表していました。しかし，季《き》節《せつ》によって昼の長さは変《か》わるので，時間の長さは季節によって変わりました。現在のように，1時間が1日を24等分した時間になったのは1873（明治6）年のことでした。

発展問題《はってん》1

◎この問題では小学5年生で学習する「約分《やくぶん》」と，小学6年生で学習する「分数のかけ算・わり算」を使います。

時計の短針《たんしん》と長針は正午の12時に重なります。では午後3時以降《いこう》，何分何秒で針《はり》が重なるでしょう。　（出典《しゅってん》）福田理軒《ふくだりけん》『明治小学塵劫記《めいじしょうがくじんこうき》』1878（明治《めいじ》11）年:「日時《ひとき》の算《さん》」

ポイント

直角を90等分した1個分《こぶん》を1度といい，1°と書きます。半回転の角度は180°で，1回転の角度は360°です。

【考え方】（　　　　）の中に当てはまる式や数を書きましょう。

①時計の針が1周《しゅう》したときの角度は（ア　　　°）です。長針が1分間に動く角度を計算しましょう。

式（イ　　　　　　　　　　　　）答え（ウ　　　°）

②短針が1時間で動く角度を計算しましょう。短針は1時間で文字板の目盛《めも》りひとつ進みます。

式（エ　　　　　　　　　　　　）答え（オ　　　°）

③②をもとに，短針が1分間に動く角度を計算しましょう。

式（カ　　　　　　　　　　　　）答え（キ　　　°）

④①と③をもとに，1分間に長針が短針に追いついたり，追いぬいたりする角度を計算しましょう。

式（ク　　　　　　　　　　　　）答え（ケ　　　°）

⑤3時のときの短針と長針の角度は（コ　　　°）。

この角度を縮《ちぢ》めるのにかかる時間を計算しましょう。

④の答えを分数で表すと $\frac{(\text{サ}\qquad)}{10}$ になります。

これを約分すると $\frac{(\text{シ}\qquad)}{(\text{ス}\qquad)}$ になります。

長針が短針に追いつこうとするとき，1分間で（ケ　　　°）ずつ角度が小さくなります。

ポイント

「約分」とは，分数の分母と分子を，それぞれ共通《きょうつう》の数でわり，分母の小さい分数にすることです。

3時の針の角度（コ　　　°）をこの分数でわり，時間を求《もと》めます。

⑥分数のわり算をするとき，わる数の分子と分母を入れかえると，かけ算で計算することができます。この方法《ほうほう》で式をつくり，答えを求めましょう。

ポイント $\square \div \frac{\bigcirc}{\triangle} = \square \times \frac{\triangle}{\bigcirc}$

分数と整数のかけ算では，分母はそのままにして，分子に整数をかけます。

$\square \times \frac{\triangle}{\bigcirc} = \frac{\square \times \triangle}{\bigcirc}$

式 $(\text{コ}\qquad°) \times \frac{(\text{ス}\qquad)}{(\text{シ}\qquad)} = \frac{(\text{コ}\qquad°) \times (\text{ス}\qquad)}{(\text{シ}\qquad)}$

$= (\text{セ}\qquad) \frac{(\text{ソ}\qquad)}{(\text{タ}\qquad)}$　　答え $(\text{セ}\qquad)$ 分 $\frac{(\text{ソ}\qquad)}{(\text{タ}\qquad)}$ 秒後

発展問題2

正午の12時の次に，長針と短針が重なるのは何時間何分何秒後でしょう。

（出典）福田理軒『明治小学塵劫記』1878（明治11）年：「復習題《ふくしゅうだい》」

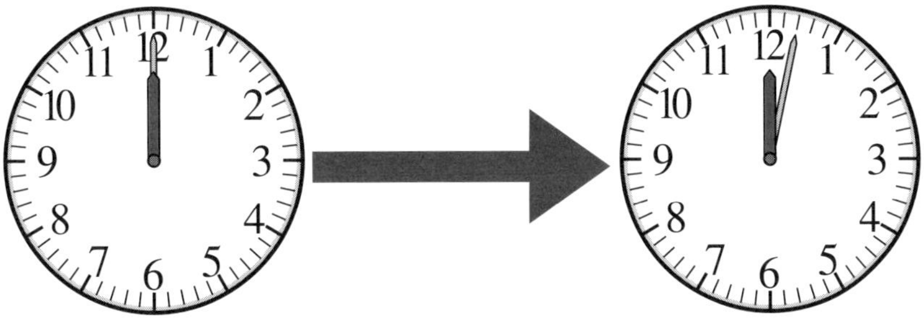

【考え方】（　　　　）の中に当てはまる式や数を書きましょう。

①12時ちょうどから時間が進むとき，長針は短針より速く動きます。
長針が短針に追いついて重なるのは，（ア　　　　）時より後になります。

②短針が（ア　　　　）時のときの角度を求めましょう。

式（イ　　　　　　　　　　　　）　答え（ウ　　　°）

③②をもとに，発展問題1の⑥と同じ計算方法で，長針が短針に追いつく時間を求めましょう。

式 $(\text{ウ}\qquad°) \times \frac{(\text{エ}\qquad)}{(\text{オ}\qquad)} = (\text{カ}\qquad) \frac{(\text{キ}\qquad)}{(\text{ク}\qquad)}$

答え（ア　　　）時間（カ　　　）分 $\frac{(\text{キ}\qquad)}{(\text{ク}\qquad)}$ 秒後

15 物差《ものさ》しで遠くのきょりを測《はか》ろう！ 町《ちょう》見《けん》術《じゅつ》

基本《きほん》問題

◎この問題では小学５年生で学習する「割合《わりあい》」，小学６年生で学習する「拡大図《かくだいず》・縮図《しゅくず》」と「比《ひ》」を使います。

男の子が，長さ60cmのうでを目の前にまっすぐのばし，手に持った物差しで，遠くにいる身長150cmの女の子の，見た目の高さを読み取りました。その高さが3cmのとき，男の子から女の子までのきょりはどれだけでしょう。

（原案《げんあん》）吉田光由《よしだみつよし》『塵劫記《じんこうき》』1634（寛永《かんえい》11）年：「町《ちょう》つもりの事《こと》」

〈図1〉

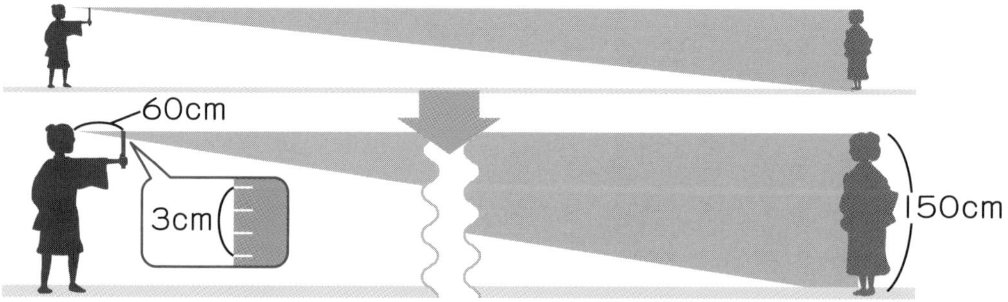

【考え方1】（　　　）の中に当てはまる式や数を書きましょう。

①図1を整理すると，図2のようになります。

※わかりやすくするため，図の縦《たて》と横の長さの関係《かんけい》は変《か》えています。

〈図2〉

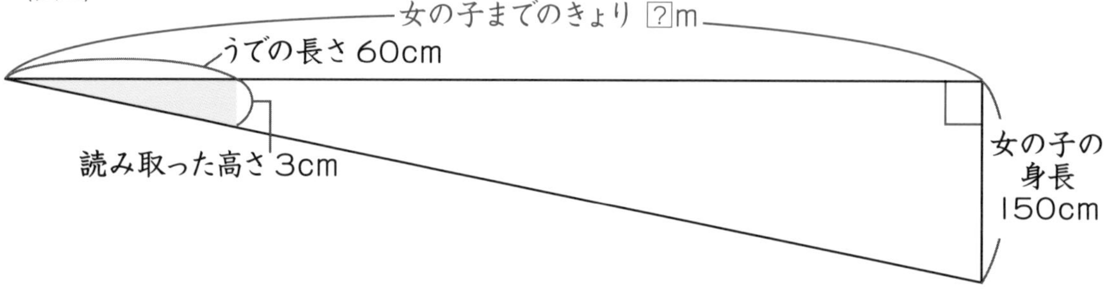

ポイント 拡大図・縮図と辺《へん》の長さの関係

もとの図を，形を変えずに大きくした図を拡大図，形を変えずに小さくした図を縮図といいます。拡大図・縮図では，対応《たいおう》する辺において，長い辺が短い辺の何倍にあたるかを表した数，割合が同じになります。

男の子のうでの長さに対する女の子までのきょりの割合と，読み取った高さに対する女の子の身長の割合は同じ。

②読み取った高さに対する，女の子の身長の割合を求《もと》めましょう。

ポイント 割合＝比《くら》べられる量《りょう》÷もとにする量

※比べられる量が女の子の身長，もとにする量が読み取った高さです。

式（ア　　　　　　　　　　　　　）

答え：女の子の身長は，読み取った高さの（イ　　　　　倍）です。

③男の子のうでの長さに対する，女の子までのきょりの割合は，②で求めた割合と同じです。これをもとに，女の子までのきょりを求めましょう。答えはcmとmの両方で書きましょう。

ポイント 比べられる量＝もとにする量×割合

※比べられる量が女の子までのきょり，もとにする量が男の子のうでの長さです。

式（ウ　　　　　　　　　　　　　）

答え（エ　　　　　　　cm）（オ　　　　　m）

【考え方2】（　　　　）の中に当てはまる式や数を書きましょう。

①考え方1の図で，読み取った高さと女の子の身長の割合を，「：」の記号を使って表すと3：150となります（「3対《たい》150」と読みます）。このように表された割合を「比」といいます。

②うでの長さに対する女の子までのきょりと，読み取った高さに対する女の子の身長の割合は同じです。それを比で表すと，下のようになります。

3：150＝60：?

③比が等しいとき，同じ数をかけたり，同じ数でわったりしてできる比は，すべて等しい比になります。

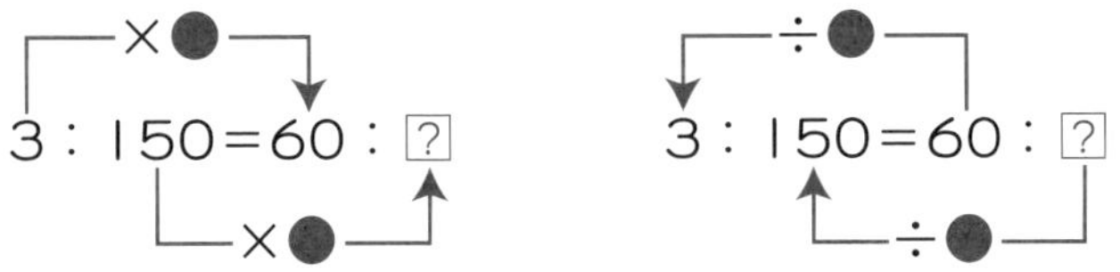

④③で表した「●」の数を求めましょう。

式（カ　　　　　　　　　　　　　）　答え（キ　　　　）

⑤④をもとに，?で表した女の子までのきょりを求めましょう。答えはcmとmの両方で答えましょう。

式（ク　　　　　　　　　　　　　）

答え（ケ　　　　　　　cm）（コ　　　　　m）

発展問題《はってん》

◎この問題では小学5年生で学習する「割合《わりあい》」，小学6年生で学習する「拡大図《かくだいず》・縮図《しゅくず》」と「比《ひ》」を使います。

長方形の板を置《お》いて，板の手前に物差《ものさ》しを立てます。物差しの手前から向こうの家までを見通したとき，板の上から目までの高さが1.5cmでした。板は縦《たく》が60cmで，横が90cmあります。このとき，向こうの家までのきょりは何mでしょう。

（原案《げんあん》）『広用算法大全《こうようさんぽうたいぜん》』「遠離高低《えんりこうてい》の測量《そくりょう》」

〈図1〉

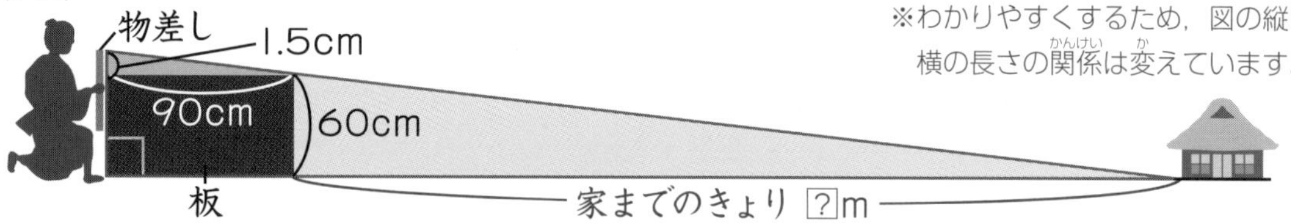

※わかりやすくするため，図の縦と横の長さの関係《かんけい》は変《か》えています。

【考え方1】（　　　）の中に当てはまる式や数を書きましょう。

①図1の赤い直角三角形は，灰色《はいいろ》の直角三角形の拡大図になります。
読み取った高さ（灰色の三角形の縦）に対する，板の縦（赤い三角形の縦）の割合を求《もと》めましょう。

式（ア　　　　　　　　　　　）　答え（イ　　　　倍）

②①と，板の横の長さをもとに，家までのきょりを求めましょう。答えはcmとmの両方で答えましょう。

式（ウ　　　　　　　　　　　）

答え（エ　　　　cm）（オ　　　　m）

【考え方2】（　　　）の中に当てはまる式や数を書きましょう。

①ふたつの直角三角形の高さと底辺《ていへん》を比で表すと，下のようになります。

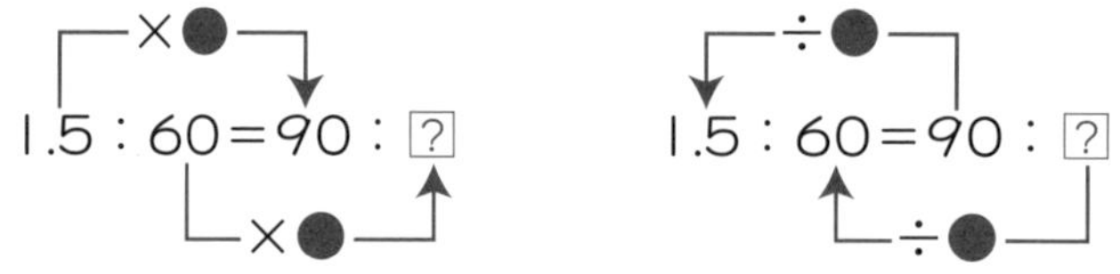

②①で表した「●」の数を求めましょう。

式（カ　　　　　　　　　　　）　答え（キ　　　　）

③②をもとに，?で表した家までのきょりを求めましょう。答えはcmとmの両方で答えましょう。

式（ク　　　　　　　　　　　）

答え（ケ　　　　cm）（コ　　　　m）

コラム4

和算を発展《はってん》させた算額《さんがく》

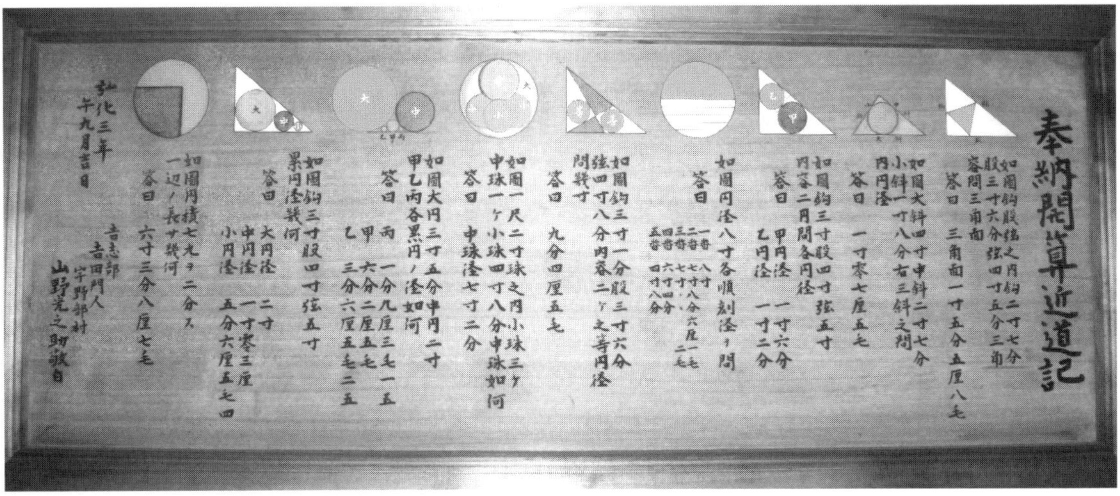

●大阪府茨木市《おおさかふいばらきし》にある井於《いお》神社の算額。山野光之助《やまのみつのすけ》が1846（弘化《こうか》3）年に納《おさ》めたもの。1950（昭和25）年に台風でこわれたが，1975（昭和50）年に復元《ふくげん》された。＊

自分の願《ねが》いごとなどを書いて，神社やお寺に納める木の板を絵馬《えま》といいます。絵馬は願いごとがかなったお礼に，納めることもありました。

「算額」とは，算数の問題を板に清書《せいしょ》した絵馬です。アイデアがひらめいて新しい問題を作ることができたり，解《と》き方《かた》が見つかったりしたとき，「これは神様や仏様《ほとけさま》のおかげだ」と受け止め，お礼の気持ちで納めるようになりました。この風習は江戸《えど》時代の前期から始まり，明治《めいじ》時代まで続《つづ》きました。

今でも約《やく》1000題ほど残《のこ》っていて，江戸時代のものは約400題とされています。実《じっ》際《さい》には何倍もの数が作られ，当時は算額に広く関心《かんしん》が持たれていたのです。

算額には，次のページからの「容術《ようじゅつ》」のような，平面や立体の図形問題が多く，その図はあざやかに色分けされています。きっと納めた人は，神様や仏様への感謝《かんしゃ》をこめるとともに，自分の作品を目立たせることで，なるべく多くの人たちに見てもらいたかったのでしょう。

しかし，算額は納める人のためだけのものではありませんでした。ほかの人の作品を写し取って，自分の研究に役立てることもありました。そうする中で，和算を愛《あい》する人たちの交流が広がり，競争《きょうそう》が生まれ，和算は発展していったのです。

＊和算の館蔵 http://www.wasan.jp/

16 算額《さんがく》の三角形の問題にチャレンジ！
容《よう》術《じゅつ》

基本問題《きほんもんだい》1

◎この問題では小学5年生で学習する「三角形の面積《めんせき》」の計算を使います。

高さが12cmの直角三角形があります。その中にある，底辺《ていへん》8cmの赤い三角形の面積を求《もと》めましょう。　（原案《げんあん》）長谷川弘《はせがわひろし》『算法助術《さんぽうじょじゅつ》』1841（天保《てんぽう》12）年：問《とい》10

〈図1〉

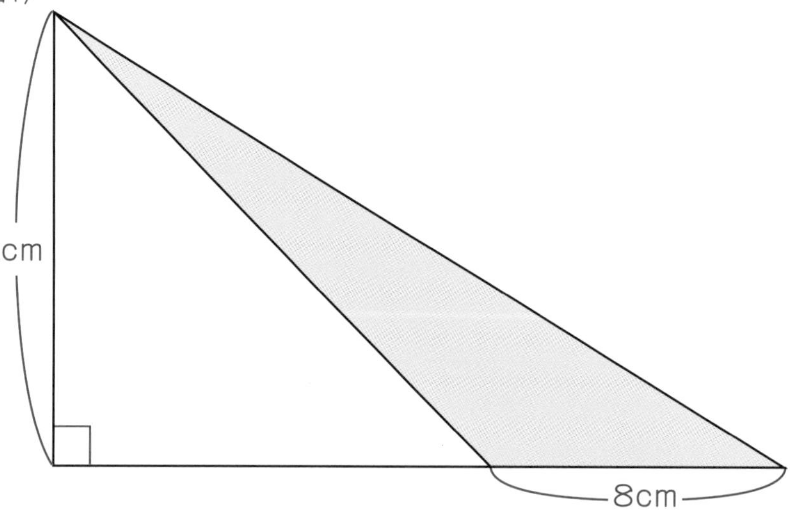

ポイント 三角形の面積＝底辺×高さ÷2

三角形の底辺に向かい合った頂点《ちょうてん》から，底辺に垂直《すいちょく》にかいた直線の長さを高さといいます。三角形の面積は，底辺を横，高さを縦《たて》にした四角形の面積の半分になります。

※●の三角形，■の三角形は同じ大きさです。

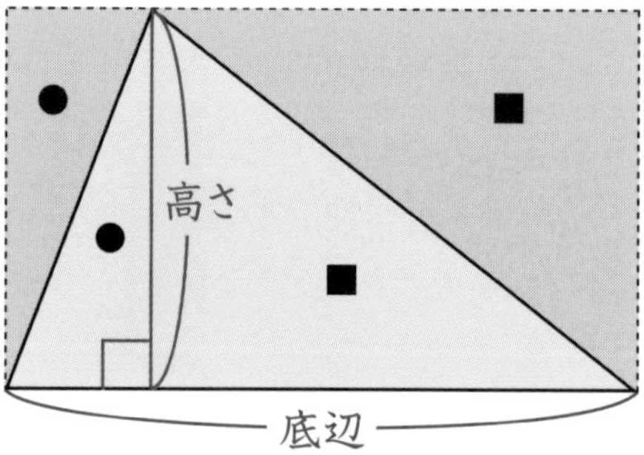

【考え方】（　　　）の中に当てはまる式や数を書きましょう。

①三角形の高さは，図形の外側《そとがわ》にとることもできます。図1の赤い三角形の高さは，もとの大きな直角三角形の高さと同じになります。これをもとに，赤い三角形の面積を求めましょう。

式（ア　　　　　　　　　　　　　　　　）答え（イ　　　　　cm²）

基本問題2

高さが12cmの直角三角形があります。その中に，8cmの底辺をもつ，赤い三角形がふたつあります。ふたつの三角形を合わせた面積を求めましょう。

（原案）長谷川弘『算法助術』1841（天保12）年：問10

〈図1〉

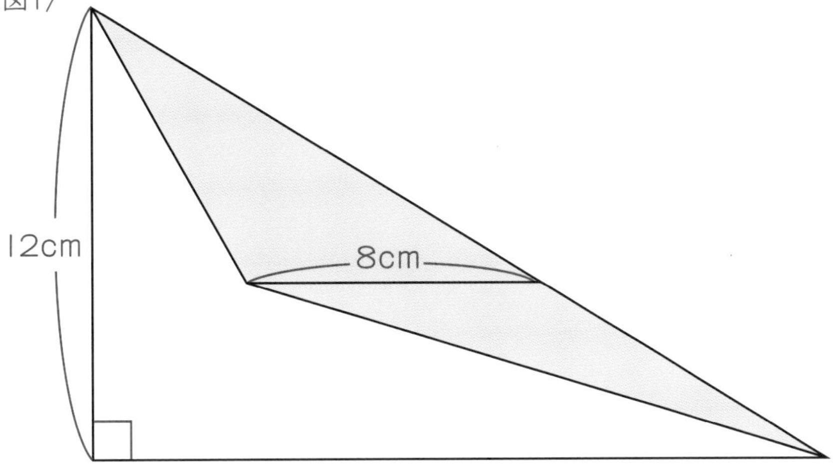

【考え方】（　　　　）の中に当てはまる式や数を書きましょう。

①高さと底辺の長さが同じなら，頂点の位置がちがっても面積は変《か》わりません。これをもとに，図1のふたつの赤い三角形を，図2のように変形《へんけい》させます。

〈図2〉

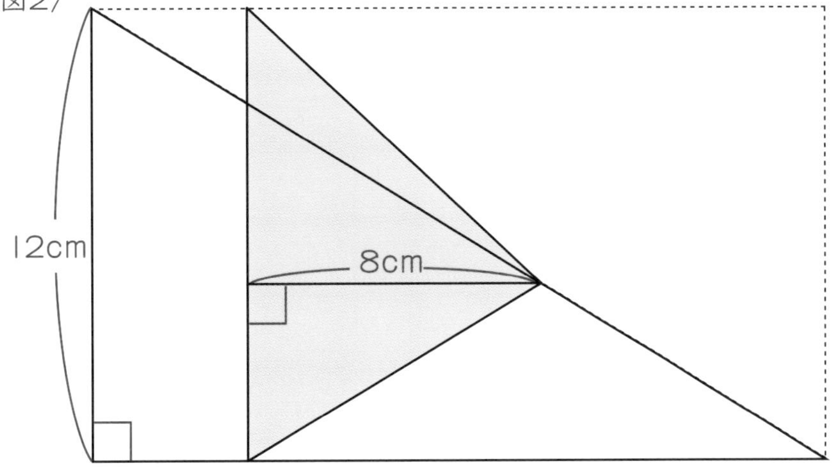

②図2をもとに，赤い三角形の面積の合計を求めましょう。

式（ア　　　　　　　　　　　　　　　　）答え（イ　　　　　cm²）

発展《はってん》問題1

◎この問題では小学5年生で学習する「合同《ごうどう》な図形」と，中学2年生で学習する「直角三角形の合同条件《じょうけん》」を使います。

図1のように，3辺《へん》の長さがそれぞれ3cm，4cm，5cmの直角三角形ABCがあり，その3辺に接《せっ》する円が入っています。この円の直径《ちょっけい》は何cmでしょう。

（原案《げんあん》）千葉胤秀《ちばたねひで》『算法新書《さんぽうしんしょ》』1830（文政《ぶんせい》13）年：「容術《ようじゅつ》」

〈図1〉

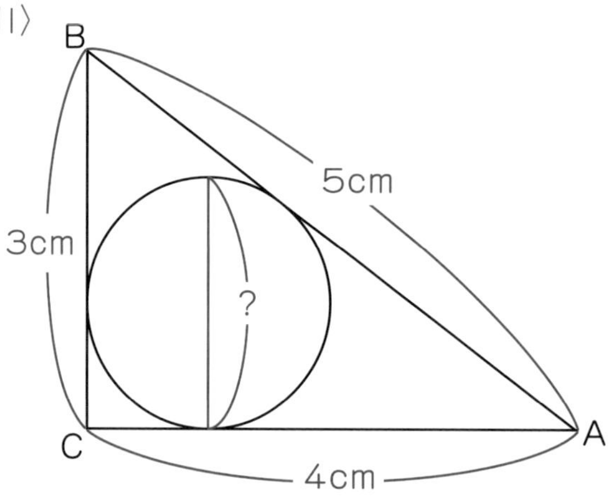

【考え方】（　　　　）の中に当てはまる式や数を書きましょう。

①図2のように，円の中心Oと，直角三角形のそれぞれの辺と円が接する点D，E，Fを結《むす》ぶ線を引きます。赤線は円の半径《はんけい》で，半径とそれぞれの辺が交わる角は直角になります。

〈図2〉

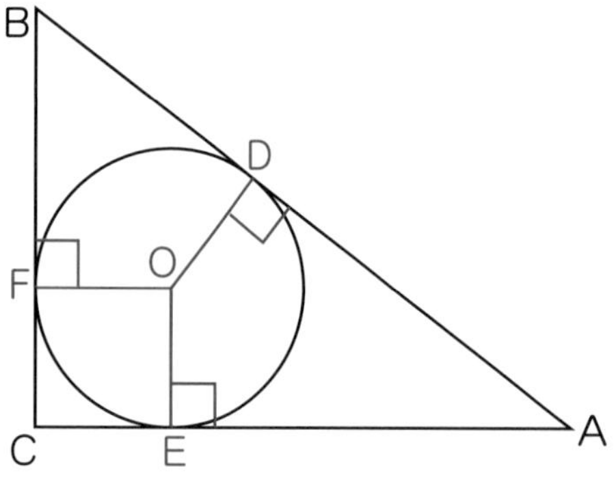

〈図3〉

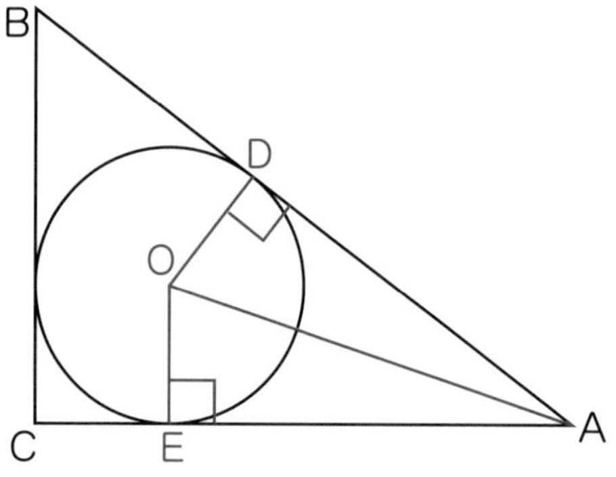

②図3のように，円の中心Oと，直角三角形の頂点《ちょうてん》Aを結ぶ線を引きます。

この線によってできた直角三角形AODとAOEについて考えます。

直角三角形の直角と向かい合うななめの線（斜辺《しゃへん》）AOは，ふたつの三角形の共《きょう》通《つう》の辺なので，長さは同じ。辺ODと辺OEは円の半径なので，長さは同じ。

このとき，直角三角形AODとAOEは，ぴったり重ねることができる同じ形になっています。このような図形を「合同」な図形といいます。

③直角三角形AODとAOEは合同なので，辺ADと辺AEの長さは同じです（図4）。

〈図4〉

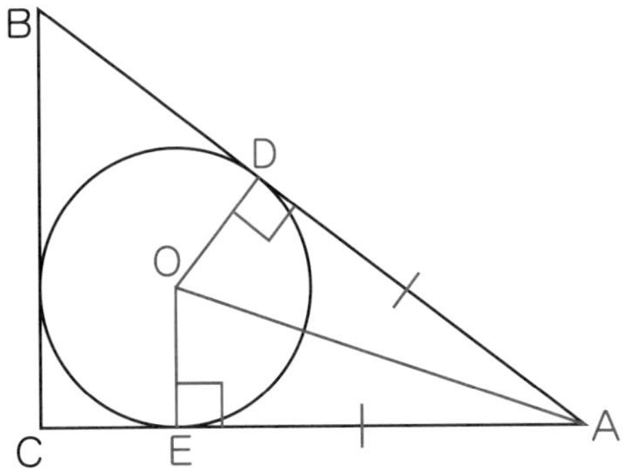

〈図5〉

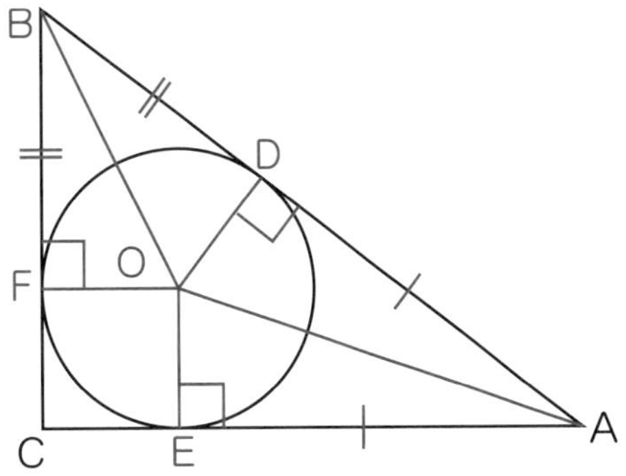

④図5のように，頂点Bと円の中心Oを結ぶ線を引いたとき，できる直角三角形BODとBOFも合同な図形になり，辺BDと辺BFは同じ長さになります。

⑤四角形CEOFは，1辺の長さが半径と同じ正方形です。

⑥これらをもとに，直角三角形ABCの辺を同じ長さで分けると図6になります。

〈図6〉

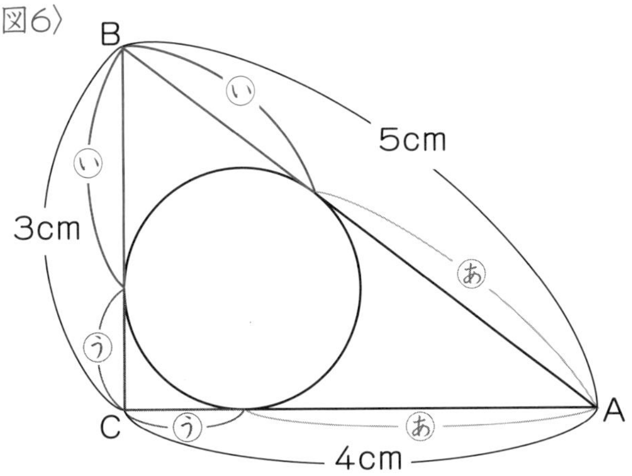

⑦直角三角形のそれぞれの辺を，あ～うを使って表しましょう。

辺AB（ア　　　　　）　辺AC（イ　　　　　）　辺BC（ウ　　　　　）

⑧⑦をもとに，辺AC＋辺BC－辺ABを計算します。下の表にあ～うを入れ，上と下の列で同じ記号をななめ線で消します。残《のこ》った記号が答えです。

（エ）

辺 AC+ 辺 BC				
辺 AB				

答え（オ　　　　　）

⑨⑧から，辺AC＋辺BC－辺ABの答えは半径の2倍，つまり直径の長さになることがわかります。⑧の式を数字に変《か》えて計算しましょう。

式（カ　　　　　）　答え（キ　　　　　cm）

発展《はってん》問題2

◎この問題では小学５年生で学習する「合同《ごうどう》な図形」と「整数÷小数の計算」，小学６年生で学習する「拡大図《かくだいず》・縮図《しゅくず》」と「比《ひ》」を使います。

図１のように，直角三角形の中に正方形と円が入っているときの，円の直径《ちょっけい》を求《もと》めましょう。

（原案《げんあん》）山口和《やまぐちかず》『道中日記《どうちゅうにっき》』1817（文化《ぶんか》14）年～1828（文政《ぶんせい》11）年：「算額《さんがく》」

〈図1〉

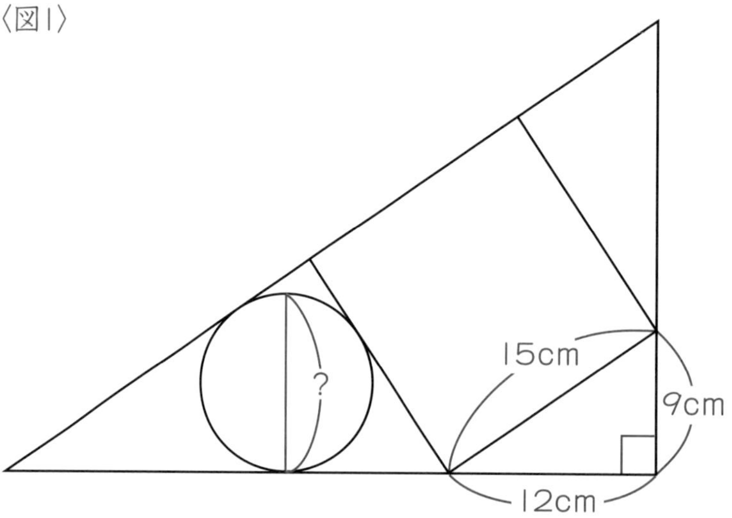

【考え方】（　　　　）の中に当てはまる式や数を書きましょう。

①最初《さいしょ》に図2の色がついたふたつの直角三角形を調べます。

〈図2〉

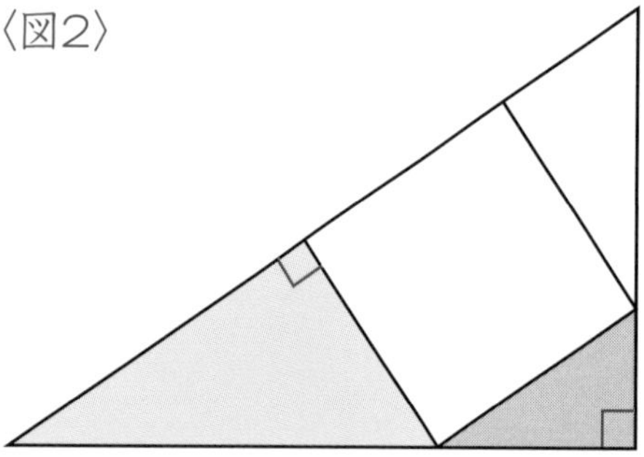

〈図3〉

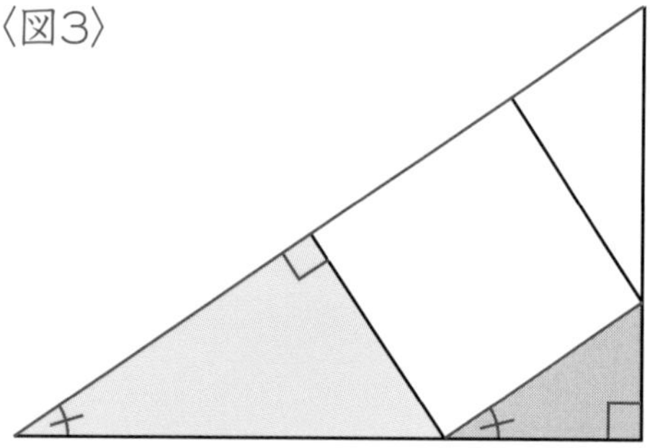

②大きな三角形の中の四角形は正方形なので，図3の赤線は平行です。

ポイント 平行な直線は，ほかの直線と等しい角度で交わります。

このことから，赤い直角三角形と，灰色《はいいろ》の直角三角形の，左側《ひだりがわ》の角は同じ大きさになります。

③赤い直角三角形と灰色の直角三角形は，対応《たいおう》する角がすべて同じになるので，赤い三角形は，灰色の三角形の拡大図になります。灰色の三角形の向きを変《か》えて赤い三角形に重ねると，図4になります。

〈図4〉

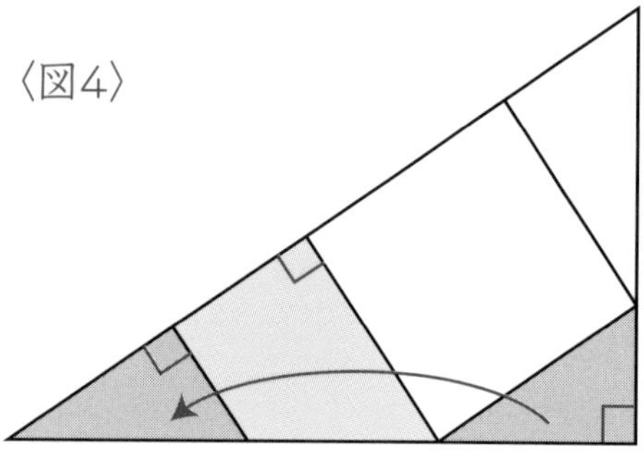

④図5の辺DEと辺ADの長さがわかれば，発展問題1の解《と》き方《かた》で円の直径を求めることができます。まず，辺DEの長さを，65ページの町見術《ちょうけんじゅつ》・基本《きほん》問題の考え方2の方法《ほうほう》で求めます。

〈図5〉

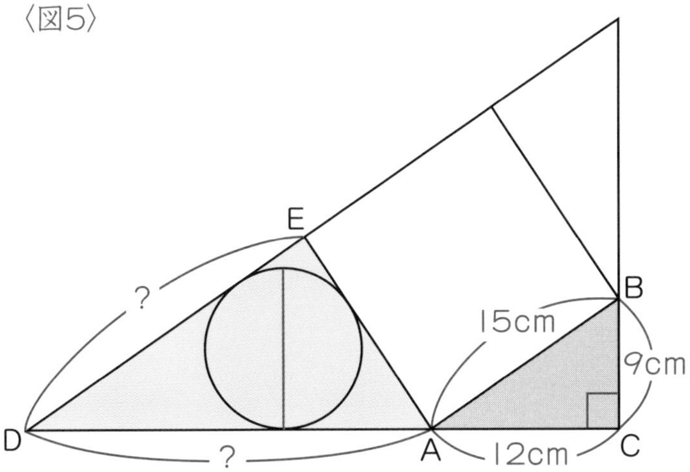

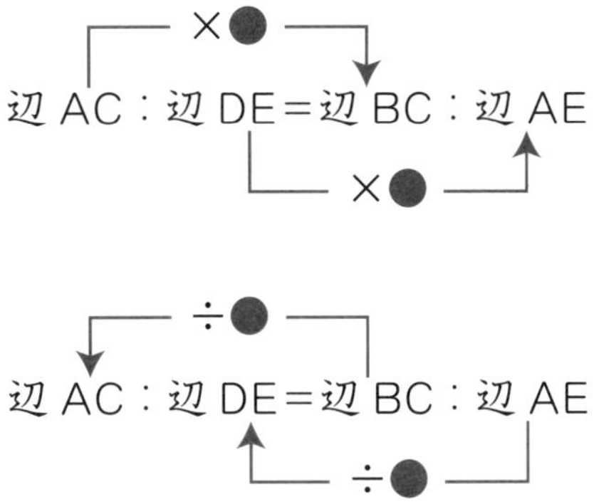

⑤④の比の式に当てはまる数を入れましょう。

式（ア　　　）：辺DE＝（イ　　　）：（ウ　　　）

⑥④の「●」の数を求めましょう。

式（エ　　　）　答え（オ　　　）

⑦⑥をもとに，辺DEの長さを求めましょう。

式（カ　　　）　答え（キ　　　cm）

⑧④と同じ方法で，辺ADの長さを求めましょう。

式（ク　　　）：辺AD＝（ケ　　　）：（コ　　　）

「▲」の数：式（サ　　　）　答え（シ　　　）

辺ADの長さ：式（ス　　　）　答え（セ　　　cm）

⑨発展問題1と同じ計算方法で，円の直径を求めましょう。

式（ソ　　　）　答え（タ　　　cm）

答え

1 裁《た》ち合《あ》わせ①

■基本《きほん》問題1

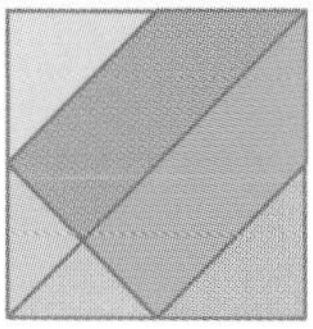

■基本問題2

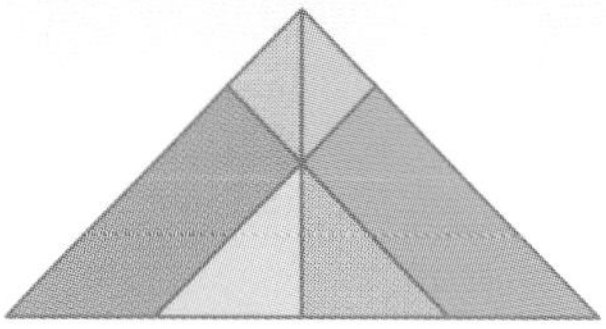

■発展《はってん》問題1

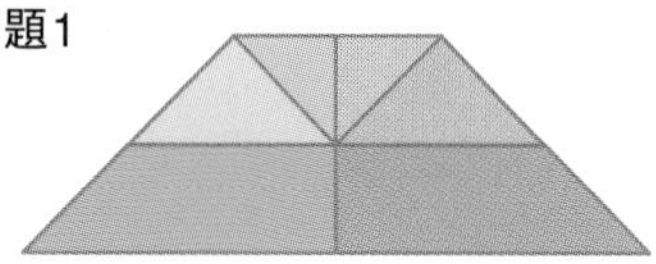

■発展問題2

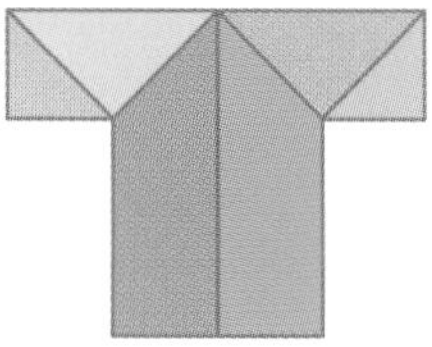

■発展問題3

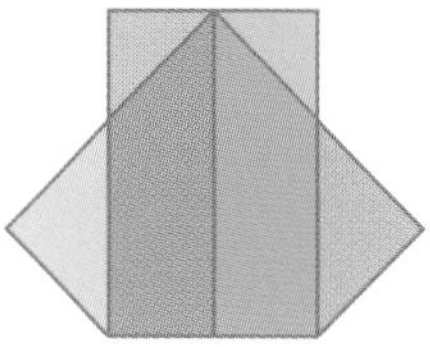

■発展問題4

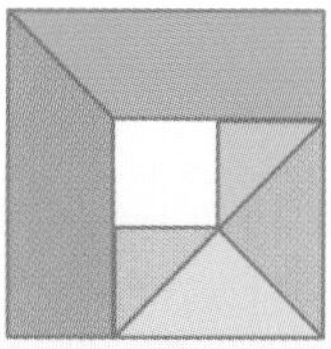

※基本問題1と，発展問題3と4は，ほかの並《なら》べ方《かた》もあります。

2 馬乗《うまの》り算《ざん》

■基本問題

ア 6÷4=1.5　イ 1.5km

ウ 6−1.5=4.5　エ 4.5km

オ 6×3=18　カ 18km

キ 18÷4=4.5　ク 4.5km

ケ 6−4.5=1.5　コ 1.5km

■発展問題1

ア 15×8=120　イ 120里《り》

ウ 120÷12=10　エ 10里

オ 15−10=5　カ 5里

■発展問題2

ア 37.5×20=750　イ 750km

ウ 750÷25=30　エ 30km

3 旅人算《たびびとざん》

■基本問題

ア 7.5+12.5=20　イ 20里

ウ 120÷20=6　エ 6日後

オ 7.5×6=45　カ 45里

キ 12.5×6=75　ク 75里

■発展問題1

ア 10×3=30　イ 30里

ウ 15−10=5　エ 5里

オ 30÷5=6　カ 6日

■発展問題 2

ア 350×70=24500　イ 24500字

ウ 400−350=50　エ 50字

オ 24500÷50=490　カ 490日後

4 薬師算《やくしざん》

■基本問題

ア 5+4=9　9×4=36　36−4=32

イ 32個《こ》　ウ 4個　エ 3列　オ 12個

カ 5個　キ 5×4=20　20+12=32

ク 32個

■発展問題1

ア 3個　イ 3個　ウ 5個

エ 3+5=8　8×3=24　24−3=21

オ 21個　カ 12個　キ 3個　ク 2列

ケ 6個　コ 5個

サ 5×3=15　15+6=21　シ 21個

■発展問題2

ア 6個

イ

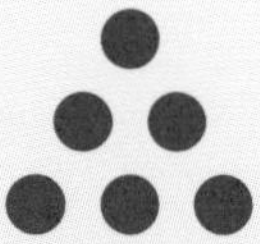

5 方陣《ほうじん》

■基本問題

3	1	2
1	2	3
2	3	1

2	1	3
3	2	1
1	3	2

※答えは上をふくめ，4通りあります。

■発展問題1

ア 1と9　イ 2と8　ウ 3と7　エ 4と6

※ア～エの順番《じゅんばん》が変《か》わっても正解《せいかい》。

オ 6と8　カ 6と7　キ 4と9

※カとキは順番が変わっても正解。

8	1	6
3	5	7
4	9	2

4	9	2
3	5	7
8	1	6

2	9	4
7	5	3
6	1	8

6	1	8
7	5	3
2	9	4

※答えは上の4通りのほかにもあります。

■発展問題2

ア 6，7，10，11　イ 34　ウ 16

エ 18　オ 21　カ 13

13	8	12	1
3	10	6	15
2	11	7	14
16	5	9	4

6 年《ねん》れい算《ざん》

■基本問題

ア 25−9−9=7　イ 7年後

ウ 25−9=16　エ 16さい

オ 16−9=7　カ 7年後

キ 16×2=32　ク 32さい

ケ 32−25=7　コ 7年後

■発展問題1

ア 2倍

イ 30−7=23　23×2=46　ウ 46さい

エ 46−30=16　オ 16年後

カ 30−7−7=16　キ 16年後

■発展問題2

ア 40−16=24　イ 24さい

ウ 24÷8=3　エ 3さい

オ 16−3=13　カ 13年前

7 拾《ひろ》い物《もの》

■基本問題

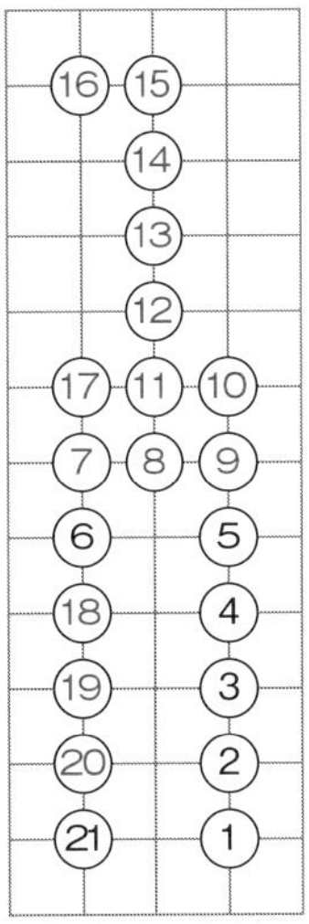

■発展問題1

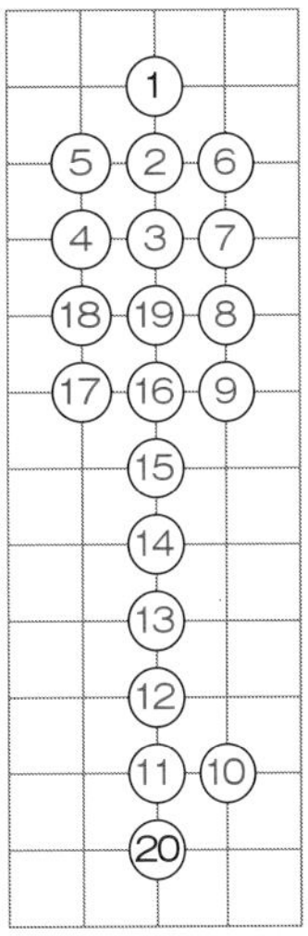

■発展問題2

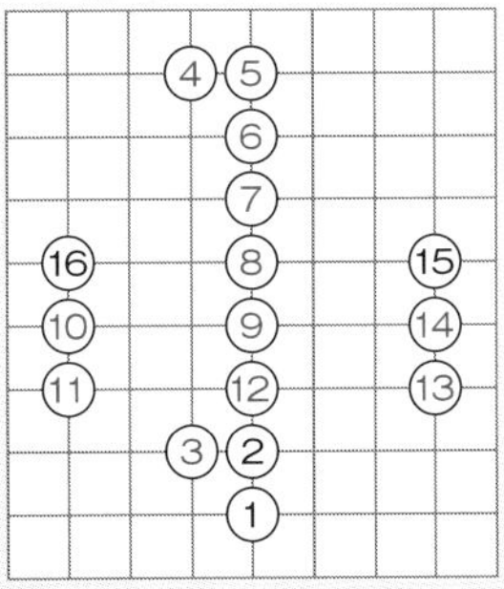

■発展問題3

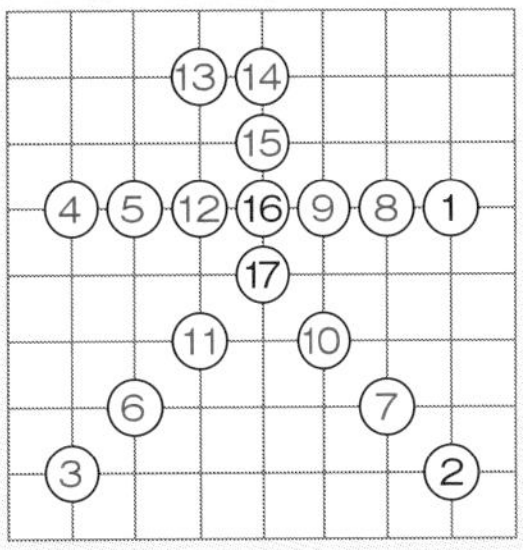

■発展《はってん》問題4

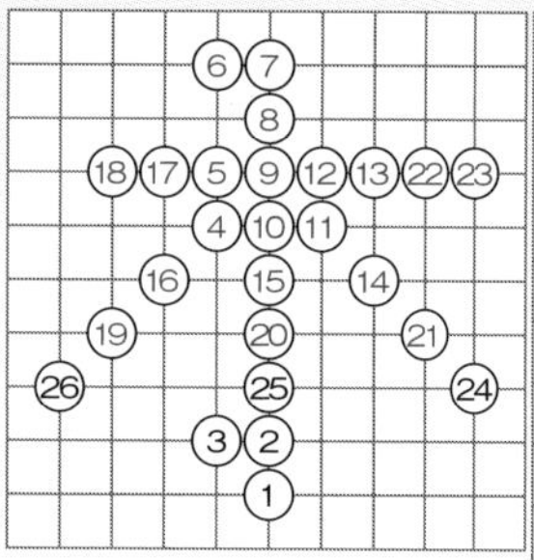

■発展問題5

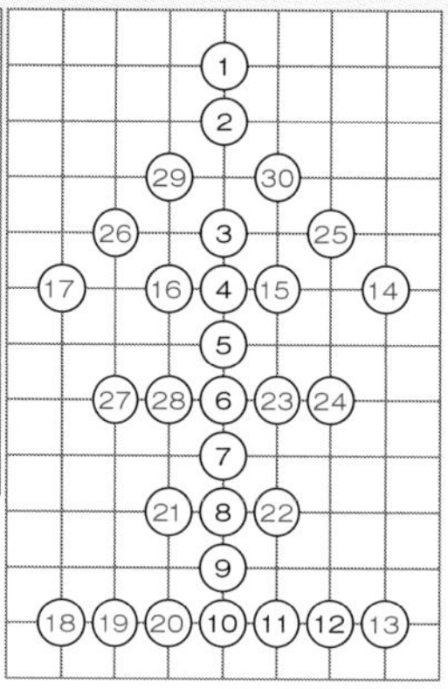

■発展問題6

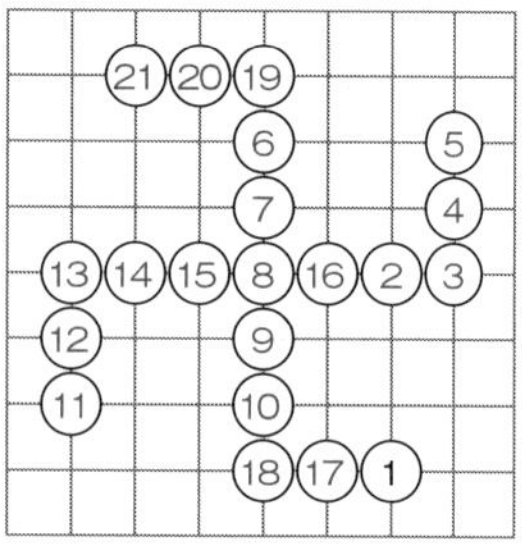

※「7 拾い物」の問題は，もとの本に書かれた答えにもとづいて，ヒントとなる順番をつけ加えています。答えはすべてもとの本に書かれたものですが，発展問題4～6はほかの答えもあります。

8 盗人算《ぬすびとざん》

■基本《きほん》問題

ア 8+7=15　　イ 15人

ウ 7×15=105　105+8=113　　エ 113反《たん》

オ 8×15=120　120−7=113　　カ 113反

■発展問題1

ア 2反

イ 8+6=14　14÷2=7　　ウ 7人

エ 6×7=42　42+8=50　　オ 50反

カ 8×7=56　56−6=50　　キ 50反

■発展問題2

ア 40−38=2　　イ 2個《こ》

ウ 100−70=30　　エ 30個

オ 30÷2=15　　カ 15人

キ 40×15=600　600−100=500

ク 500個

ケ 38×15=570　570−70=500

コ 500個

9 つるかめ算《ざん》

■基本問題

ア 13×2=26　　イ 26本

ウ

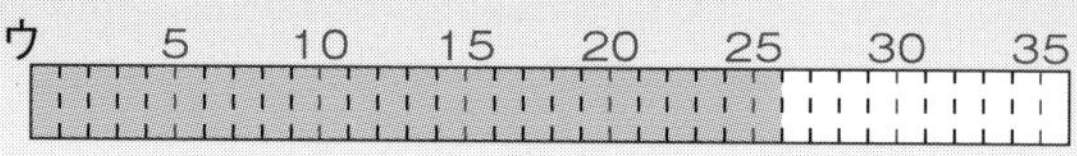

エ 36−26=10　　オ 10本

カ 4−2=2　　キ 2本

ク 10÷2=5　　ケ 5ひき

コ 13−5=8　　サ 8わ

シ 2×13=26　　ス 26本

セ 36−26=10　　ソ 10本

タ 2本　　チ 10÷2=5　　ツ 5ひき

テ 13−5=8　　ト 8わ

■発展問題1

ア 2×100=200　　イ 200本

ウ 284−200=84　　エ 84本

オ 4−2=2　　カ 2本

キ 84÷2=42　　ク 42ひき

ケ 100−42=58　　コ 58わ

■発展問題2

ア 2×77=154　　イ 154本

ウ 244−154=90　　エ 90本

オ 90÷2=45　　カ 45ひき

キ 77−45=32　　ク 32人

10 俵杉算《たわらすぎざん》

■基本問題

ア 1　　イ 14　　ウ 1俵《ひょう》　　エ 13段《だん》

オ 14×13=182　　カ 182俵

キ 182÷2=91　　ク 91俵

■発展問題1

ア 30−8+1=23　　イ 23俵

ウ 30+23=53　53×8=424

424÷2=212　　エ 212俵

■発展問題2

ア 18−8+1=11　　イ 11段

ウ 18+8=26　26×11=286

286÷2=143　エ 143俵

11 入《い》れ子《こ》算《ざん》

■基本問題

ア 8+1=9　9×8=72　72÷2=36

※1+2+3+4+5+6+7+8+9=36でも正解《せいかい》。

イ 36合　ウ 4320÷36=120　エ 120円

■発展問題1

ア 1+2+3+4+5+6=21　イ 21個

ウ 600×21=12600　エ 12600円

オ 12600+21000=33600　カ 33600円

キ 33600÷7=4800　ク 4800円

ケ 4200円　コ 3600円　サ 3000円

シ 2400円　ス 1800円　セ　1200円

■発展問題2

ア 86−56=30　イ 30匁《もんめ》

ウ 3　エ 30÷3=10　オ 10匁

カ 36匁　キ 46匁　ク 66匁

ケ 76匁　コ 96匁

12 油《あぶら》分《わ》け算《ざん》

■基本問題1　答え省略《しょうりゃく》。

■基本問題2

1回目：㋒　2回目：㋔　3回目：㋑

4回目：㋓　5回目：㋐　6回目：㋗

7回目：㋖　8回目：㋕

◎10回での分け方

ますの移し方	移す量	10合	7合	3合
①10合→3合	3合	7	0	3
②3合→7合	3合	7	3	0
③10合→3合	3合	4	3	3
④3合→7合	3合	4	6	0
⑤10合→3合	3合	1	6	3
⑥3合→7合	1合	1	7	2
⑦7合→10合	7合	8	0	2
⑧3合→7合	2合	8	2	0
⑨10合→3合	3合	5	2	3
⑩3合→7合	3合	5	5	0

※ポイントは6回目。1合しか移《うつ》さないことで，2合を計り取ることができます。

■発展問題

【分け方1】

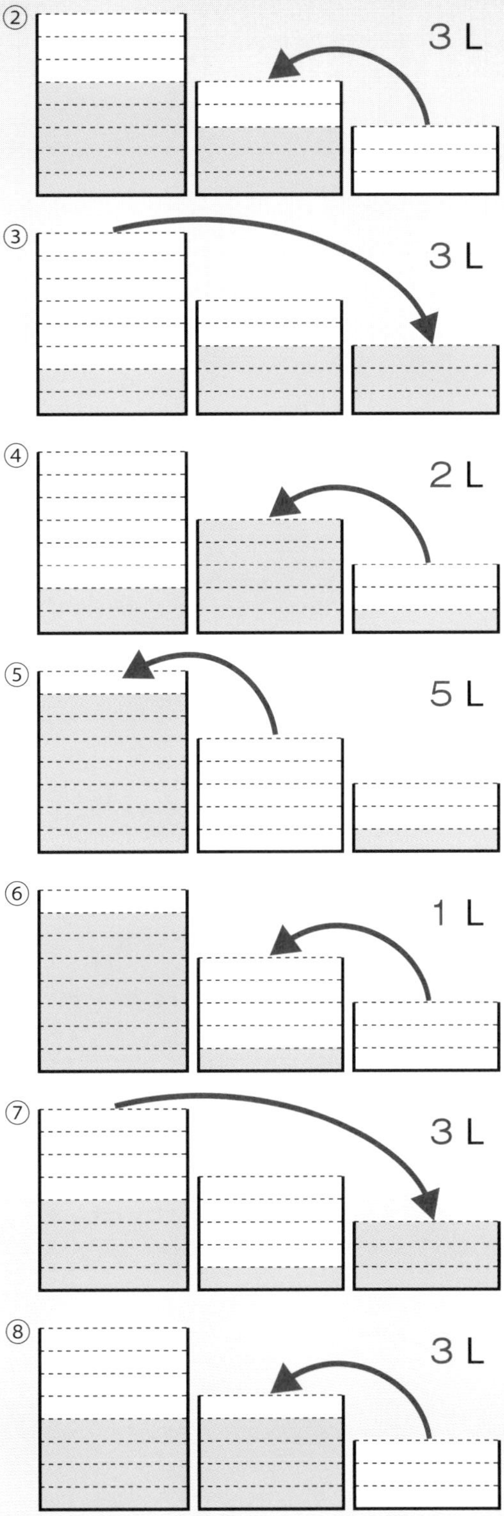

【分け方2】

②
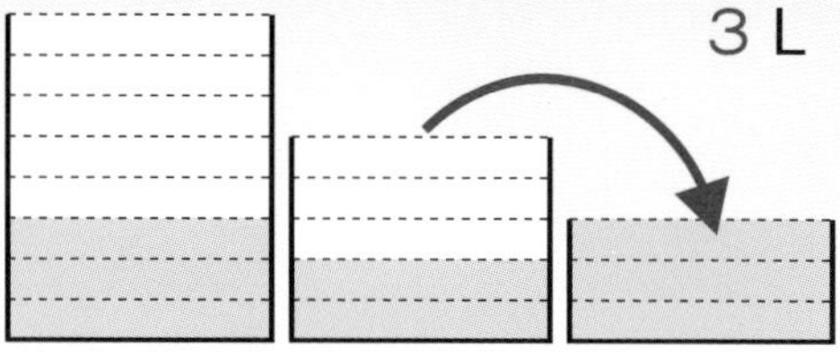
3 L

③
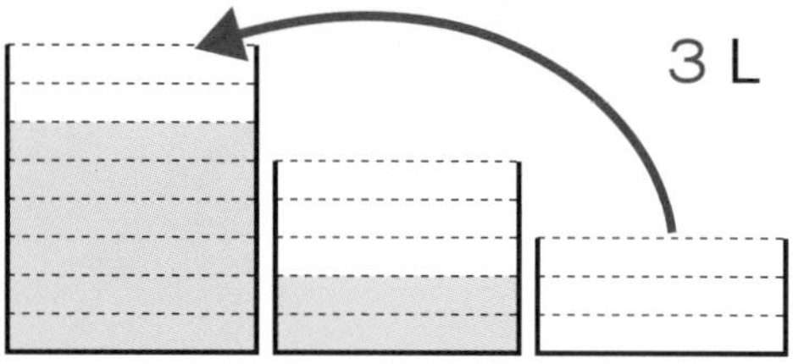
3 L

④
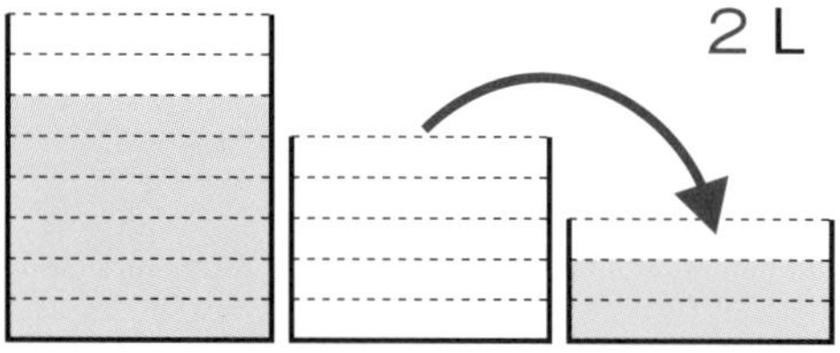
2 L

⑤
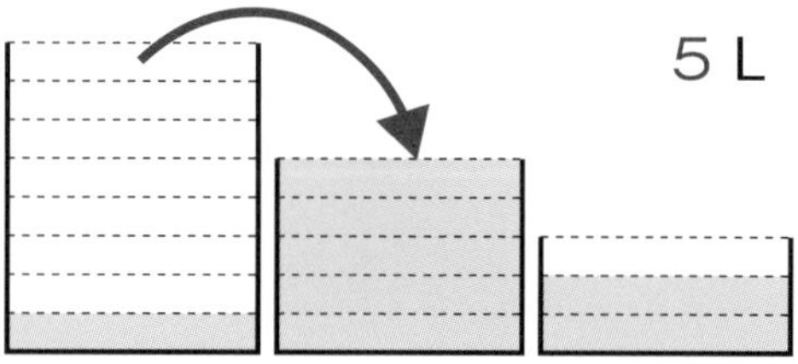
5 L

⑥
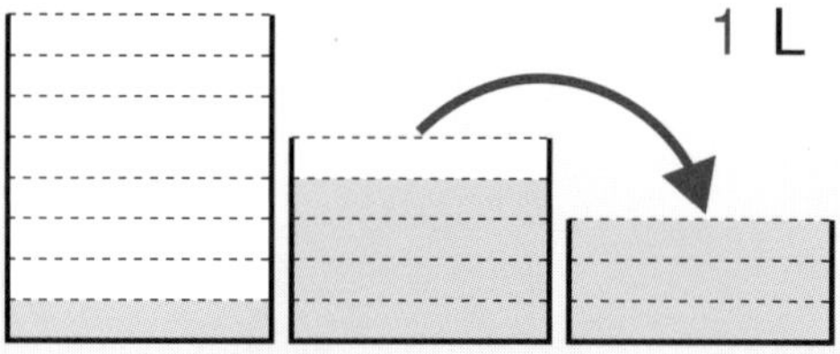
1 L

⑦
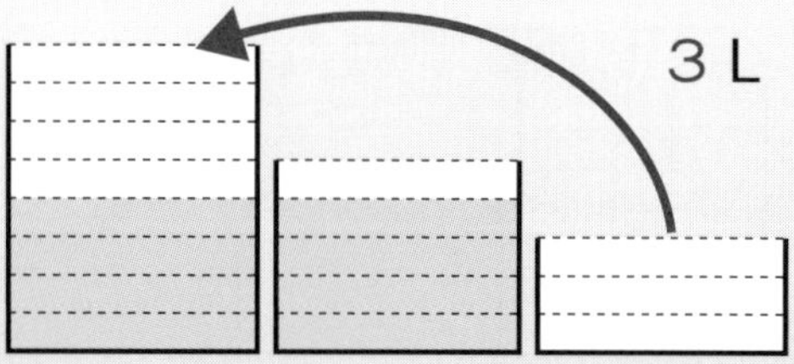
3 L

13 裁《た》ち合《あ》わせ②

※14 鯛《たい》以《い》外《がい》は，ほかの並《なら》べ方《かた》もあります。

1 短冊《たんざく》
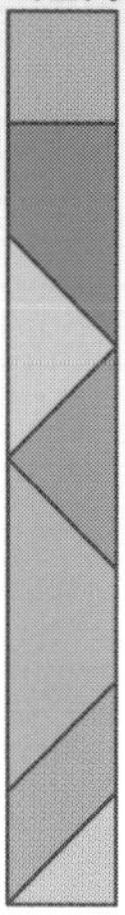

2 くぎぬき
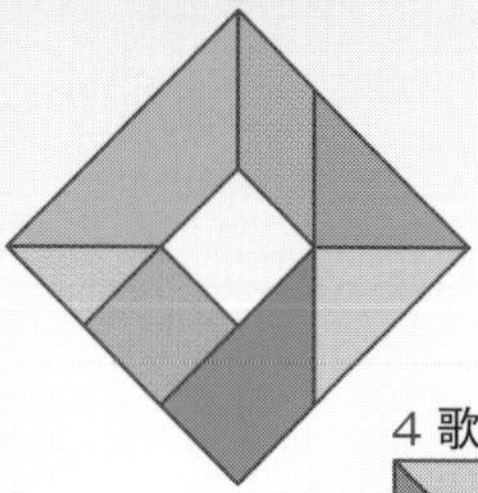

3 包丁《ほうちょう》
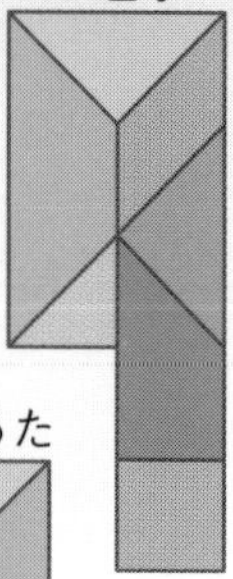

4 歌がるた
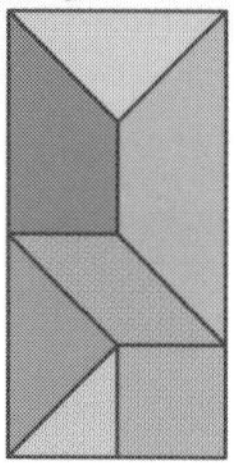

5 こし板
(はかまごし)
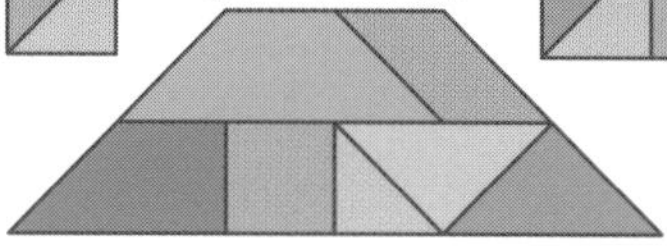

6 やかた船
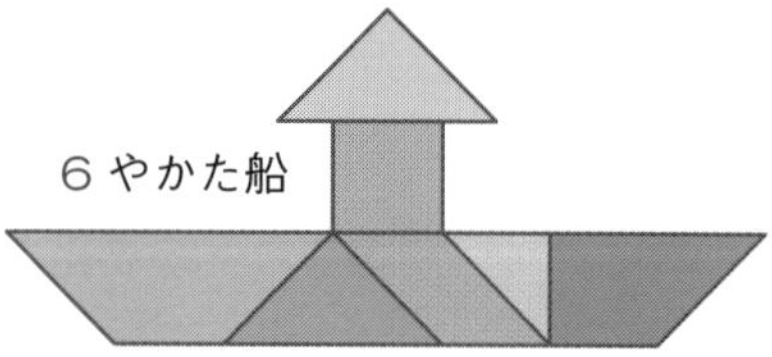

7 あんどん
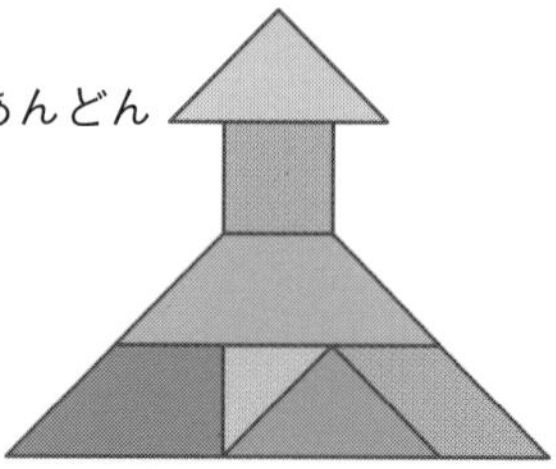

8 矢《や》羽《ばね》
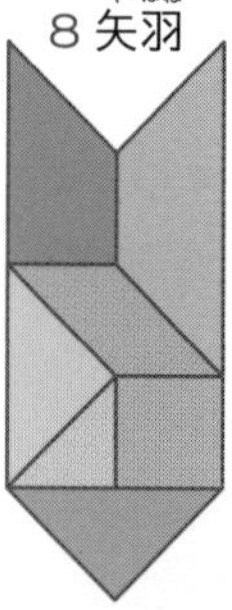

9 石どうろう
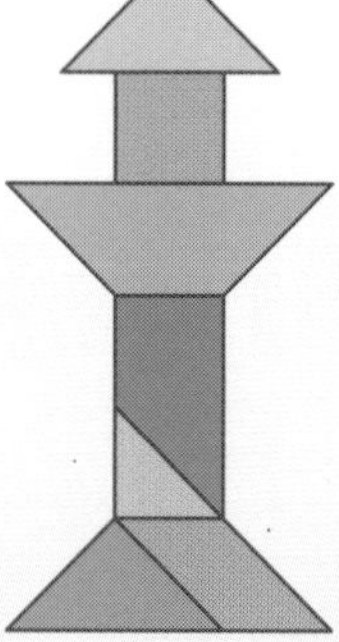

10 ほおずき
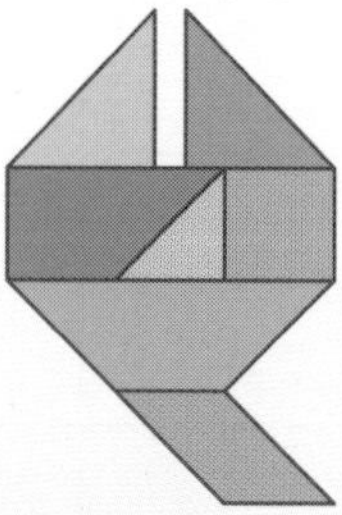

12 切《き》り籠《こ》
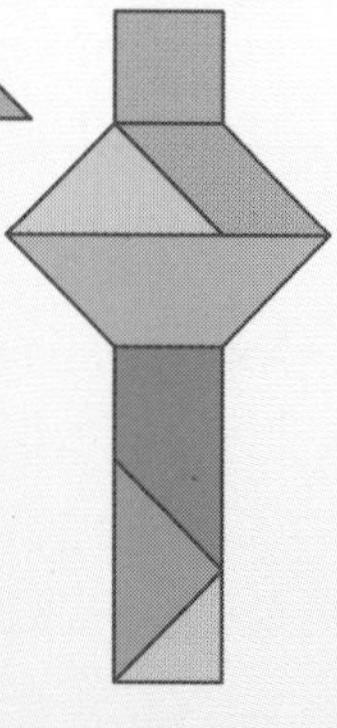

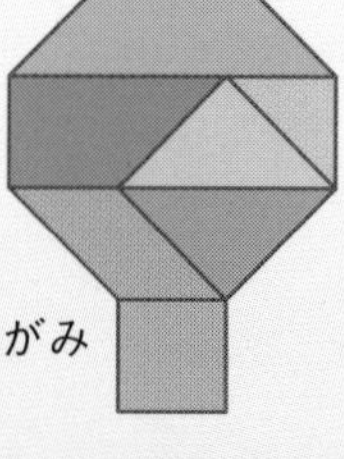
11 八角かがみ

13 はすの花

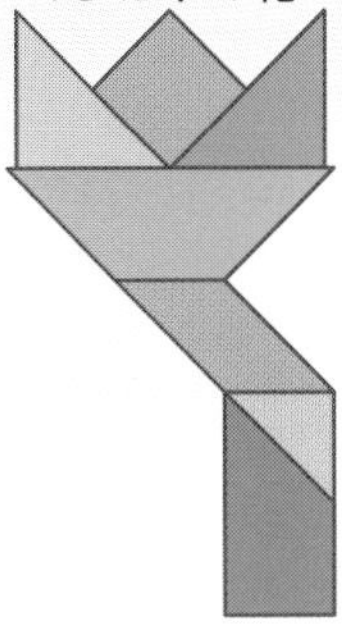

14 鯛《たい》

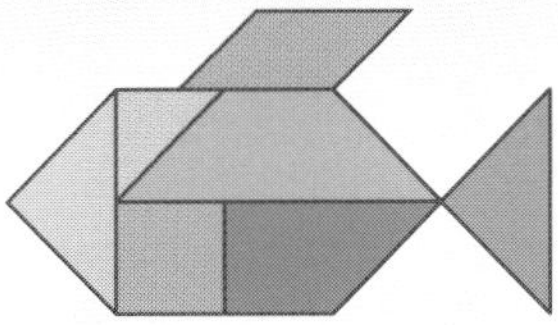

15 はけ

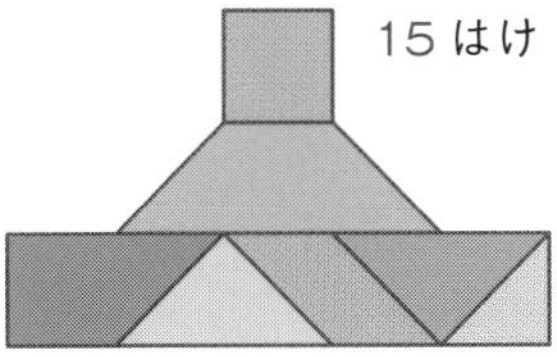

16 紙船

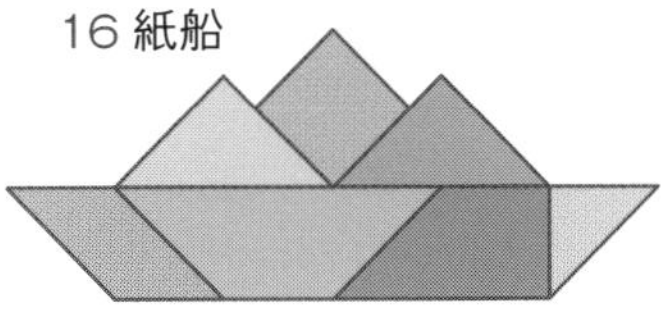

17 富士山《ふじさん》

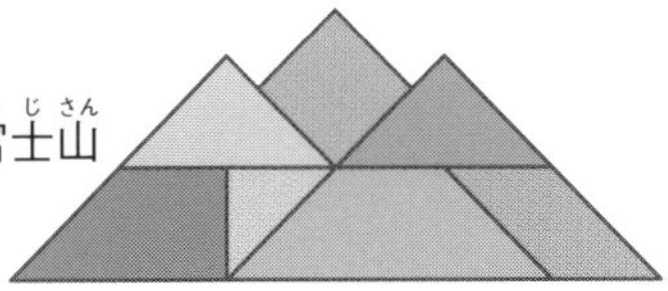

14 時計算《とけいざん》

■基本《きほん》問題1

ア 12+8=20　イ 20時間

ウ 5×60=300　300÷24=12.5

エ 12.5秒

オ 12.5×20=250　250÷60=4あまり10

カ 4分10秒

■基本問題2

ア 4+11=15　イ 15時間

ウ 12×60=720　720÷24=30　エ 30秒

オ 30×15=450　450÷60=7あまり30

カ 7分30秒　キ 7時52分30秒

■発展《はってん》問題1

ア 360°　イ 360÷60=6　ウ 6°

エ 360÷12=30　オ 30°

カ 30÷60=0.5　キ 0.5°

ク 6−0.5=5.5　ケ 5.5°

コ 90°　サ 55　シ 11　ス 2

セ 16　ソ 4　タ 11

■発展問題2

ア 1　イ 360÷12=30　ウ 30°

エ 2　オ 11　カ 5　キ 5　ク 11

15 町見術《ちょうけんじゅつ》

■基本問題

ア 150÷3=50　イ 50倍

ウ 60×50=3000　エ 3000cm

オ 30m　カ 60÷3=20　キ 20

ク 150×20=3000　ケ 3000cm

コ 30m

■発展問題

ア 60÷1.5=40　イ 40倍

ウ 90×40=3600　エ 3600cm

オ 36m　カ 90÷1.5=60　キ 60

ク 60×60=3600　ケ 3600cm　コ 36m

16 容術《ようじゅつ》

■基本問題1

ア 8×12÷2=48　イ 48cm^2

■基本問題2

ア 12×8÷2=48　イ 48cm^2

■発展問題1

ア (あ)+(い)　イ (あ)+(う)　ウ (い)+(う)

エ

辺 AC+辺 BC	(あ)	(う)	(い)	(う)
辺 AB	(あ)	(い)		

オ (う)+(う)　※「(う)×2」でも正解《せいかい》。

カ 4+3−5=2　キ 2cm

■発展問題2

ア 12　イ 9　ウ 15

エ 9÷12=0.75　オ 0.75

カ 15÷0.75=20　キ 20cm

ク 15　ケ 9　コ 15

サ 9÷15=0.6　シ 0.6

ス 15÷0.6=25　セ 25cm

ソ 15+20−25=10　タ 10cm

西田知己　にしだ・ともみ

1962年生まれ。日本史学者。上智大学大学院文学研究科史学専攻博士後期課程単位取得退学。
著書に『子どもたちは象をどう量ったのか？―寺子屋の楽しい勉強法』(柏書房)，『親子で楽しむこども和算塾』(明治書院)，『実は科学的⁉ 江戸時代の生活百景』(東京堂出版)，『「新しさ」の日本思想史―進歩志向の系譜を探る』(筑摩書房)ほか。
noteに『四つの海の物語』掲載中。

図形・文章題に強くなる！
絵解き 和算ドリル

2024年3月18日　初版第1刷発行

著　者　西田知己
発行人　北川吉隆
発行所　株式会社小学館
〒101-8001
東京都千代田区一ツ橋2-3-1
編　集　03-3230-5400
販　売　03-5281-3555
印刷所　共同印刷株式会社
製本所　古宮製本株式会社

STAFF
デザイン　沖田 環
イラスト　杉山真理
協力　四井 寧
制作　浦城朋子
資材　遠山礼子
販売　福島真実・足立冬太
宣伝　内山雄太
編集　中村公紀・細川達司

ISBN978-4-09-253674-6